职业院校专业教师企业实践培训与考核指南丛书

立项单位：湖南省教育厅

研究单位：湖南省教育科学研究院　湖南省教育战略研究中心

职业院校专业教师企业实践培训与考核指南

——汽车检测维修类专业

ZHIYE YUANXIAO ZHUANYE JIAOSHI QIYE SHIJIAN PEIXUN YU KAOHE ZHINAN

QICHE JIANCE WEIXIULEI ZHUANYE

李　琼　肖亚红　著

中南大学出版社

www.csupress.com.cn

·长沙·

内容简介

　　《职业院校专业教师企业实践培训与考核指南——汽车检测维修类专业》是"职业院校专业教师企业实践培训与考核指南丛书"之一，包括正文和附录两个部分。全书涵盖职业素养、岗位基本能力、岗位核心能力、专业教学能力、专业发展能力五大培训模块的23个培训项目，共143个培训任务。其中：职业素养模块包含企业文化、企业制度、岗位规范和行业政策4个项目；岗位基本能力包含车间安全与车辆检查、汽车维护与保养作业、汽车零部件拆装作业3个项目；岗位核心能力包含发动机检修作业、底盘检修作业、电气系统检修作业、车身修复作业、新能源汽车检修作业等10个项目；专业教学能力模块包含市场调研、分析典型工作任务、开发课程体系、收集与开发教学资源4个项目；专业发展能力包含应用技术研究、岗位新技术2个项目。附录包括：技能考核项目、样题、结业考核评价标准。

　　全书编制过程中选取企业典型的工作任务，对接行业新工艺、新方法，并将职业院校技能竞赛标准、1+X认证标准和世界技能大赛竞赛标准等有效融合在各项目的评分标准中，帮助读者了解汽车企业文化、熟悉汽车维修工作流程、核心岗位典型工作任务及要求，了解汽车行业发展趋势和最新要求，掌握汽车机电维修、汽车车身修复等核心岗位的基本技能、核心技能，提高专业教师实践教学能力、应用研发能力，促进教师"双师"素质的形成和专业发展，进而提升服务行业企业的能力。本书面向读者为广大职业院校汽车类专业教师，也可作为职业院校汽车类专业学生教辅用书。

职业院校专业教师企业实践培训与考核指南丛书
编委会

主　　任　陈拥贤

副　主　任　王江清　舒底清

委　　员　（以姓氏笔画为序）

　　　　　　方小斌　邓德艾　向罗生　杜佳琳

　　　　　　李　琼　李　斌　李宇飞　李移伦

　　　　　　邱志军　陈　勇　罗先进　阚　柯

　　　　　　潘岳生

丛书主编　舒底清

丛书副主编　王江清　邱志军　阚　柯　李移伦

研究与编写人员

李　琼　　湖南省教育科学研究院

肖亚红　　湖南汽车工程职业学院

朱先明　　湖南汽车工程职业学院

刘　平　　湖南汽车工程职业学院

周定武　　湖南汽车工程职业学院

黄志勇　　湖南汽车工程职业学院

侯志华　　湖南汽车工程职业学院

何光鹏　　湖南蓝马车业集团有限公司

李丛伟　　湖南兰天汽车集团有限公司

凌　业　　湖南兰天汽车集团有限公司

吴端华　　北京汽车股份有限公司株洲分公司

严　玮　　湖南交通职业技术学院

《职业院校专业教师企业实践培训与考核指南》开发指导手册

一、《职业院校专业教师企业实践培训与考核指南》开发的背景与意义

（一）背景与意义

党的十八大以来，特别是《国家职业教育改革实施方案》颁布以来，我国职业教育改革发展走上了提质培优、增值赋能的快车道，职业教育面貌发生了格局性变化。

教师、教材、教法"三教"联动改革，其中推动和落实"三教"改革工作的主体是教师，教师队伍建设是职业院校培养优秀人才的重要基础。以习近平同志为核心的党中央高瞻远瞩、审时度势，立足新时代，将教育和教师工作提到了前所未有的政治高度，对建设高素质"双师型"教师队伍进行了决策部署。习近平总书记在全国教育大会上发表的重要讲话中指出，要"坚持把教师队伍建设作为基础工作"。《中共中央 国务院关于全面深化新时代教师队伍建设改革的意见》中提出，要"全面提高职业院校教师质量，建设一支高素质双师型的教师队伍"。《国家职业教育改革实施方案》第十二条提出，要"多措并举打造'双师型'教师队伍"。

目前，职业教育教师培养培训体系基本建成，教师管理制度逐步健全，教师地位及待遇稳步提高，教师素质能力显著提升，为职业教育改革发展提供了有力的人才保障和智力支撑。但是，国内职业院校引进教师时普遍注重高学

历,大部分教师直接从学校到学校,虽然专业理论知识很扎实,但实践工作经历不足,不熟悉企业生产组织方式、工艺流程,缺乏把握产业发展趋势的能力,难以满足教育与产业、学校与企业、专业设置与职业岗位、课程教材与职业标准、教学过程与生产过程深度对接的需要。因此,这些教师在承担专业核心课程教学任务时,尤其是实践方面的课程时往往会捉襟见肘。同时,具备理论教学和实践教学能力的"双师型"教师和教学团队短缺,已成为制约职业教育改革发展的瓶颈。

面对建设社会主义现代化强国、新时代国家职业教育改革的新形势、新要求,落实立德树人根本任务,深化职业教育教师队伍建设改革,提高教师教育教学能力和专业实践能力,优化专兼结合教师队伍结构,打造一支高素质"双师型"教师队伍,是职业教育教师队伍建设改革的一项紧迫任务。

近年来,从中央到地方陆续出台了一系列政策,教育部等七部门印发的《国家职业教育改革实施方案》《职业学校教师企业实践规定》和《深化新时代职业教育"双师型"教师队伍建设改革实施方案》等文件提出"落实教师5年一周期的全员轮训制度""没有企业工作经历的新任教师应先实践再上岗"等要求。

企业实践作为职业院校教师队伍建设的基础性工程,对推进职业院校教师专业发展、提高专业教学能力、提升人才培养质量具有极其重要的作用。同时,职业院校教师企业实践培训项目是职业院校教师素质提高计划的重要内容,是提高青年教师专业实践技能的必经之路,是开展专业实践教学活动的重要平台,是建设"双师型"教学团队的重要举措,是产学合作、工学结合的实现形式,是提升教师专业素质、提高教师队伍整体水平的保证,是专业建设和课程建设的需要,也是教师个人发展的需要。

近几年,湖南省职业院校教师素质提高计划均安排了教师进行企业实践。同时,各校每年均会安排教师企业实践,在培训内容、培训方式、培训管理和培训考核等方面做了很多有益尝试,取得了较好的效果。但是,教师企业实践工作仍面临很多问题,主要包括:

第一,培训需求与培训目标的匹配问题。教师的培训需求与企业实践岗位没有进行有效对接,导致实践岗位与教师的实际需求脱节,不能完全满足教师的培训需要。

第二,培训目标与培训内容的匹配问题。部分企业实践基地不能结合教师专业水平制定个性化的企业实践方案，培训目标比较模糊，不好评价和考核；培训内容与培训目标不能完全匹配，企业实践岗位及培训模块安排不够合理，部分职教师资培训基地尚缺乏对教师企业实践的系统考虑和资源保障，因而无法提供有针对性的实践内容。

第三，培训管理与培训考核的匹配问题。部分企业实践基地对教师企业实践认识不到位，培训方式和评价考核的随意性较大，带教师傅对传授给教师的岗位实践能力缺乏了解，导致对实践的目的、内容、效果评价等缺乏系统性规划，无法保证学员提高与教学相关的实践能力。

为了落实《职业学校教师企业实践规定》《国家职业教育改革实施方案》《湖南省职业教育改革实施方案》《湖南省教育厅关于加强新时代高等职业教育人才培养工作的若干意见》等文件精神，以及实现"到2022年，建立50个省级'双师型'教师培训基地；职业院校专业课教师(含实习指导教师)顶岗实践、挂职锻炼时间原则上每5年不少于6个月，或每2年不少于2个月；新入职专业教师不具备3年以上企业工作经历的，前3年须赴企业集中实践锻炼半年以上"的目标，亟待进一步建立和健全职业院校教师企业实践培训的长效机制，对接行业产业的发展趋势和要求，结合职业院校内涵建设的具体目标，合理构建"国家—省—校"三级教师企业实践培训体系，科学合理规划岗位实践培训内容及考核方式，有效组织与实施培训。因此，加快制定《职业院校专业教师企业实践培训与考核指南》(以下简称《指南》)，进一步规范和明确职业院校各专业教师企业实践的目标、内容、标准和考核评价等，有利于学校和实践基地共同明晰培训要求，促进实践培训体系的完善，确保企业实践的实效；有利于实施个性化的教师企业实践，提升教师实践教学水平，促进职业院校教师专业发展；有利于加强职业院校"双师型"教师队伍建设，推进教师教材教法改革。

(二)开发目标

通过校企共同开发教师企业实践培训与考核指南，主要解决以下问题：

(1)厘清专业教师企业实践能力要求，明确5年6个月一周期的企业实践培训的目标、内容、任务和预期成果。

(2)科学遴选企业实践培训基地，合理设计培训项目，规范进行培训过程考核评价和结业评价。

（3）指导学校、专业和教师有计划、科学安排教师进行企业实践，规范教师企业实践的管理，促进教师"双师"素质培养和学校"双师型"教师队伍的建设。

二、《指南》术语

（一）企业实践

《指南》中的企业实践，是指职业院校的专业课教师、实习实训指导教师走出学校，进入企业(行业)生产服务一线所进行的实践活动。其目的是促进职业院校教师实践能力的提高，主要包括：①了解企业文化、制度、生产组织方式、工艺流程、产业发展趋势等基本情况；②熟悉企业相关工作岗位(工种)职责、操作规范、技能要求、用人标准及管理制度等内容；③学习任教专业在生产实践中应用的新知识、新技能、新工艺、新方法；④结合企业生产实践和用人标准，不断完善专业人才培养方案、课程标准、教学方案，改进教学方法，积极开发新形态教材，切实加强职业院校实践教学环节，提高技术技能人才培养质量。本《指南》涉及的教师企业实践的形式，主要包括到企业考察观摩、接受企业技能培训、在企业的生产和管理岗位兼职或任职、参与企业产品研发和技术创新等。护理等医药卫生大类的专业，由于其特殊性，行业实践单位为医疗机构、母婴保健机构、老年健康照护机构、社区卫生服务中心等非企业单位，采用"行业标准"而非"企业标准"进行相关描述。

（二）培训与考核指南

《指南》是规范教师企业实践的指导性文件。它具体规定了培训目标与培训内容、培训任务与培训要求、培训形式与组织实施、培训考核与评价、培训条件与保障等内容。它是湖南省教师企业实践基地举行教师企业实践培训工作、学校组织实施教师企业实践培训工作的重要依据，也是专业教师企业实践的指导性文件和评价教师企业实践培训效果的重要依据。

（三）企业实践能力分析

本《指南》中的企业实践能力是指教师通过企业实践获得的与专业教学相

关的实践能力,是通过分析教师岗位所涉及的与专业相关的且能够通过企业实践培训而获得的完成职业领域中具体工作任务的能力。

(四)企业实践基地

本《指南》所指的企业实践基地是指具有独立法人资格的企业,并且企业应在相应的专业教师实践岗位或领域具有公认的工作业绩和先进经验,代表行业先进水平,在本行业有较强的影响力,具有覆盖较广专业面的岗位群和产业链。企业应在区域内有一定的辐射作用,并有志于职业院校教师培养工作,有较强的社会责任感,有较好的校企合作基础,有较完整的工作设想和方案。

(五)企业带教师傅

企业带教师傅一般是具有较强的表达能力、丰富带教经验的优秀企业业务骨干或技术能手,带教师傅应了解企业生产工艺流程,能够按照企业实践计划指导教师的岗位实践活动。企业带教师傅原则上应是具有中级以上专业技术职称或具有二级以上职业资格证书、在相关行业领域享有较高声誉和特殊技能的能工巧匠等。

三、《指南》开发思路

(一)基本理念

1.融入新标准新技术,突出先进性

中国特色职业教育体系建设和职业教育现代化,离不开改革发展,改革离不开创新。《指南》的开发,要坚持立德树人的思想,以先进的职业教育理念为指导,将技能提升与职业素养有机融合起来。同时,既要考虑融入新一代信息技术、数字化转型所需要的新知识和新技术,也要立足当下,脚踏实地学习传统产业中的传统知识、传统技术、传统技能。

2.对接岗位规格要求,突出专业性

《指南》是职业院校教师在企业实践能力层面的具体化,是针对不同层次职业院校教师的要求而制定的。因此,在指南开发过程中,既要考虑教师应该具备的基本知识、基本理论和基本技能,也要考虑相应职业主要岗位和工作过程

的素质、知识与能力要求。

3.关注职业能力发展，突出持续性

以工作过程为导向或成果导向的职业教育不是以传授学科知识为目的，其宗旨是向学生传授工作过程知识，促进学生职业能力的形成；其教学内容不是以学科体系来构建，而是根据从"新手→生手→熟手→能手→高手"的职业能力发展阶段来建构；职业教育模式为理论与实践相结合的一体化模式。因此，应基于教师可持续发展理念来构建培训内容、培训方法和考核评价，促进职业院校教师"双师"素质的形成。

4.注重实践能力向教学能力转化，突出示范性

教师是反思性实践者，提倡职业院校教师培养遵循"行动→反思→学习→提高→行动"的思路，强化实践意识和反思中成长理念。在开发指南时，不仅要强调学科专业知识和能力的培养，还要重视职业教育知识与教学技能的训练，同时更要关注教师将专业实践能力转化为教学能力的培养。

5.坚持多方协同开发，突出多元性

《指南》的开发，既要考虑职业教育对教师教学能力的要求，又要考虑行业企业对教师专业能力的要求，还要考虑职业院校对教师的要求。因此，需要政府—学校—企业共同开发、论证，并在实践中不断修改完善。

(二)基本原则

1.科学性原则

《指南》的开发要遵循国家专业教学标准、"1+X"证书试点标准要求，切合职业院校教师专业发展实际，严格遵守开发规范。要本着科学、务实的态度，边开发、边探索、边完善。

2.规范性原则

《指南》的文字表达要准确、规范，层次要清晰，逻辑要严密，技术要求和专业术语应符合国家有关标准和技术规范，文本格式和内容应符合规定的要求。

3.实用性原则

《指南》要有利于职业院校的教师队伍发展，能适应企业岗位的实际需要，与职业标准(含职业技能等级标准)及专业教学标准相结合，各项内容、任务和

培训、考核要求应清晰明确，尽可能具体化、可评价、可操作。

4.示范性原则

《指南》要具有示范性，能反映科学技术进步和社会经济发展趋势，体现职业教育的发展趋势，要为企业创造性地实施教师企业实践培训和考核留出拓展空间。

(三)教师企业实践能力模型构成

教师企业实践能力模型构成示意图如下。

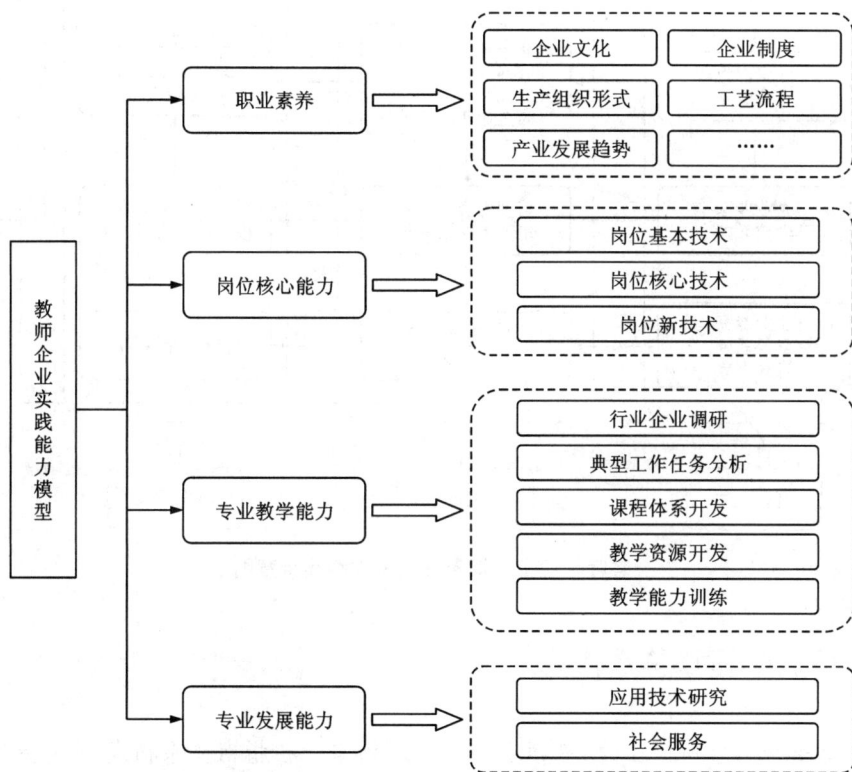

教师企业实践能力模型构成示意图

(四)教师企业实践指南开发的技术路线

教师企业实践指南开发的技术路线示意图如下。

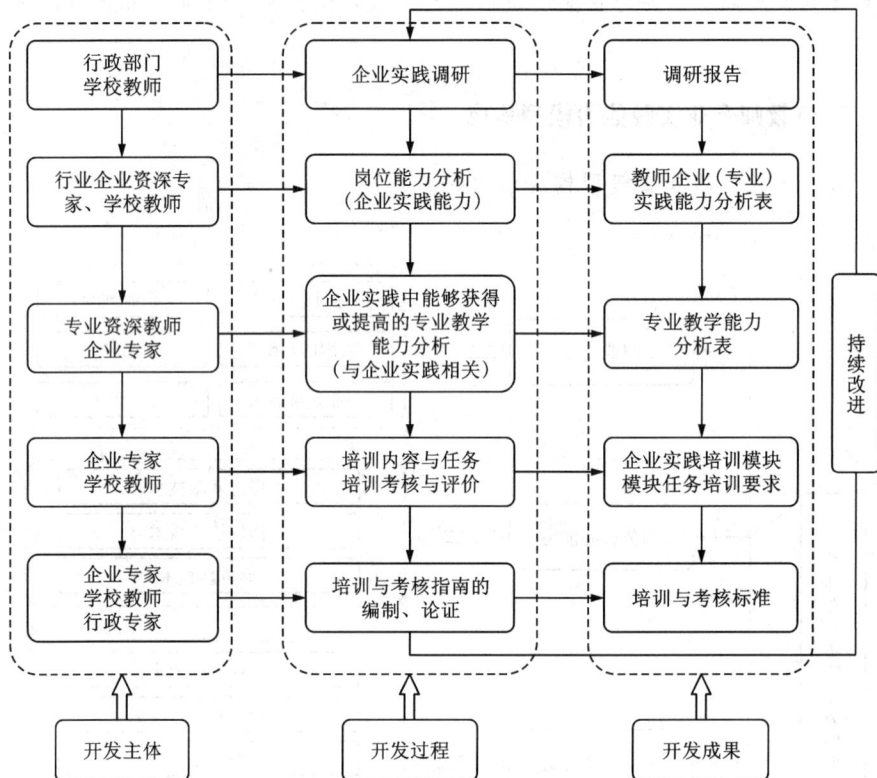

开发主体	开发过程	开发成果
行政部门 学校教师	企业实践调研	调研报告
行业企业资深专家、学校教师	岗位能力分析 (企业实践能力)	教师企业(专业) 实践能力分析表
专业资深教师 企业专家	企业实践中能够获得 或提高的专业教学 能力分析 (与企业实践相关)	专业教学能力 分析表
企业专家 学校教师	培训内容与任务 培训考核与评价	企业实践培训模块 模块任务培训要求
企业专家 学校教师 行政专家	培训与考核指南的 编制、论证	培训与考核标准

持续改进

教师企业实践指南开发技术路线示意图

四、《指南》体系构成

本部分内容所阐述的"教师企业实践培训与考核指南体系构成"是《指南》共性约定及合格要求,在开发具体专业类教师企业实践培训指南时要结合各专业类特点进行个性化描述。

一、编制背景

二、编制依据

三、适用专业与培训对象

(一)适用专业

(二)培训对象

四、培训目标与培训内容

(一)培训目标

(二)培训内容

(三)培训方式与时间

五、企业实践能力要求

六、培训任务与培训要求

(一)培训任务

(二)培训要求

七、培训形式与组织实施

(一)培训形式

(二)培训实施方案

(三)组织实施

八、培训考核与评价

(一)过程考核

(二)结业考核

(三)考核成绩确定

九、培训条件与保障

(一)培训组织保障

(二)教学条件保障

(三)后勤生活保障

附录　技能考核项目及样题

后记

百年大计，教育为本；教育大计，教师为本。教师是立教之本、兴教之源，承担着让每个孩子健康成长，办好人民满意教育的重担。《国家职业教育改革实施方案》颁布以来，职业教育作为一种类型教育，走上了提质培优、增值赋能的快车道。在推进育人方式、办学模式、管理体制、办学机制改革的进程中，离不开高素质的教师队伍；深化教师、教材、教法"三教"改革，打造优质课堂，提高人才培养质量，更是离不开"能说会做"的"双师"素质教师。

国家历来重视教师队伍建设工作，尤其是关心职业院校教师的成长和发展，《国家教育事业发展"十三五"规划》《国家职业教育改革实施方案》《职业学校教师企业实践规定》和《深化新时代职业教育"双师型"教师队伍建设改革实施方案》等文件均对职业院校"双师型"教师队伍建设、"双师型"教师队伍培养体系建设等提出要求。而组织教师进行企业实践，是推进"双师型"教师队伍建设、实行工学结合、校企合作人才培养模式，提高职业教育质量的重要举措；教师定期到企业实践，是促进职业院校教师专业成长、提升教师实践能力的重要措施和有效方式。

目前，各地、各校均在组织教师企业实践工作，取得了一定的成效。但是存在以下问题。一是针对性不够。教师企业实践没有整体规划和分阶段安排，教师按照个人意愿进行企业实践，目的性不强，存在所学非所需情况。二是实效性不够。对于职业院校教师企业实践，学校、教师和企业在培训内容与要求、培训方式与管理、培训考核与评价等方面均缺乏系统性规划和科学合理的安排，导致参与培训的教师和接受培训的企业都比较迷茫，影响企业实践的效果。三是成果转化不够。教师企业实践结束后,教师可能因为资源转换能力不够的问题,未及时对企业实践成果进行总结、归纳和提炼,导致将企业实践成果转化为教学资源成果不够。为此,湖南省教育科学研究院职业教育与成人教育研究所组织学校和企业专家开展了"职业院校'双师型'教学团队建设"研究,开发教师企业实践培训指南,建立教师企业实践培训基地,连续5年在全省范围内实施教师企业实践国家级培训和省级培训项目,取得了良好的效果。

基于多年的实践,我们推出这套"职业院校专业教师企业实践培训与考核指南丛书",为职业院校专业教师企业实践工作提供培训规范要求和考核评价标准,使教师企业实践工作有章可循、有规可依,有利于促进教师的专业实践能力提高和教育教学能力提升。

"职业院校专业教师企业实践培训与考核指南丛书"的编写,得到了湖南省教育厅、相关职业院校、企业领导、专家和广大教师的大力支持、帮助和指导,在此表示衷心的感谢!

我们希望本套丛书能够为相关专业教师企业实践提供指导,切实提升专业实践能力和专业教学能力,成为名副其实的"能说会做"优秀职教"双师"。

丛书编委会

2021 年 8 月

CONTENTS 目 录

一、编制背景 1

二、编制依据 2

三、适用专业与培训对象 3

    (一)适用专业 3

    (二)培训对象 3

四、培训目标与培训内容 4

    (一)培训目标 4

    (二)培训内容 4

五、企业实践能力要求 5

六、培训任务与培训要求 10

    (一)培训任务 10

    (二)培训要求 17

        模块一：职业素养 17

        模块二：岗位基本能力 20

        模块三：岗位核心能力 26

        模块四：专业教学能力 50

        模块五：专业发展能力 55

七、培训形式与组织实施 58

(一)培训形式 58
(二)培训实施方案 58
(三)组织实施 60

八、培训考核与评价 61

(一)过程考核 61
(二)结业考核 61
(三)考核成绩确定 61

九、培训条件与保障 62

(一)培训组织保障 62
(二)教学条件保障 62
(三)后勤生活保障 66

附录 67

附录一 技能考核项目 67
附录二 样题 269
附录三 结业考核评价标准 274

参考文献 275

后记 276

▶ 一、编制背景

　　中国汽车市场发展快，而且汽车消费需求变化也快，中国和世界其他国家相比，无论是汽车销售量绝对值还是增长速度，中国均遥遥领先。乘用车市场前景良好，中国 GDP 未来增长趋势将稳步上升，中国汽车市场前景非常广阔。近年来，汽车技术的发展日新月异，在未来，世界汽车工业的技术进步将由量变达到质变，以美国、日本、欧洲为代表的汽车工业发达国家，在 20 世纪 90 年代中期就开始先后从节能、安全、环保等方面制定了汽车技术的发展规划，并组织科技攻关，体现为以下几个方面：(1)电动汽车进入了实用阶段，驱动电机呈多样性发展；(2)汽车排放控制标准更加严格；(3)汽车安全标准更加严格，越来越集成化、智能化、系统化；(4)汽车油耗降低。

　　从人才供应方面来讲，高职学校扩招以来，在人力资源市场上，中国汽修服务业存在以下问题：初级技术人才饱和，中、高级技术人才欠缺；汽车维修返修率高；主车型竞争激烈，高档轿车、进口车的维修质量难以保证；缺乏具备新能源与传统能源技术的专业人才。

　　面向汽车行业及企业，汽车类专业人才就业的基础岗位包括汽车修理工、检测站检验员、维修质量检验员、销售服务顾问、售后服务顾问、配件收发员等；发展岗位有维修车间主管、售后服务经理、技术总监。因此，培养"懂保养、能评估、会检测、善维修、精诊断"创新型汽车工匠是很有必要的。

▶ 二、编制依据

(1)《国家职业教育改革实施方案》(国发〔2019〕4 号)。

(2)中共中央办公厅、国务院办公厅印发的《关于分类推进人才评价机制改革的指导意见》。

(3)教育部等七部门印发的《职业院校教师企业实践规定》。

(4)《汽车维修工国家职业技能标准》(2019)。

(5)《汽车运用与维修(含智能新能源汽车)1+X 证书制度—职业技能等级标准》。

(6)湖南省高等职业院校学生专业技能抽查标准。

(7)第 46 届世界技能大赛汽车技术项目技术文件。

(8)宝马、保时捷、上汽通用、上汽大众、长安福特、北京汽车、广汽本田、沃尔沃等校企合作项目人才培养方案。

三、适用专业与培训对象

(一)适用专业

本书适用于湖南省高职高专学校目前开设的汽车运用与维修技术、汽车车身维修技术、新能源汽车技术、汽车检测与维修技术、汽车改装技术等专业，对应教育部颁发的《职业教育专业目录(2021 年)》汽车检测与维修技术、新能源汽车检测与维修技术、汽车造型与改装技术、汽车制造与试验技术等专业。

(二)培训对象

职业院校在岗的汽车检测维修类专业专任教师；具有与以上专业对口的本科及以上学历(学位)，或有一年以上的专业课程教学经历。

四、培训目标与培训内容

(一)培训目标

职业院校教师通过定期到企业实践,了解企业文化、工艺流程、岗位标准,跟踪产业发展趋势和前沿知识,掌握岗位基本技能、核心技术、新技术,提高实践教学能力,促进教师"双师"素质的形成和专业发展。

(二)培训内容

企业实践的主要内容包括了解企业的生产组织方式、工艺流程、产业发展趋势等基本情况;熟悉企业相关岗位职责、操作规范、技能要求、用人标准、管理制度、企业文化等。通过在生产一线顶岗操作演练,学习所教专业在生产实践中应用的新知识、新技术、新工艺、新材料、新设备、新标准等,积极探索有效促进学生素养及能力提升的符合现代企业用人需求的人才培养模式,为优化教学内容,改进教学方法提出积极建议,并结合企业的生产实际和用人标准,不断完善教学方案,改进教学方法,积极开发校本教材,切实加强学校实践教学环节,提高技能型人才培养质量。

五、企业实践能力要求

本书所指的教师企业实践能力是指教师通过行业企业实践培训能够获取与专业教学相关的实践能力，主要包括两个方面：一是获得完成职业岗位典型工作任务的胜任能力（表 5-1），二是获得相应专业教学能力（表 5-2）。

表 5-1　汽车检测维修类专业教师企业实践能力分析表

模块名称	项目名称	行业实践能力描述
1 职业素养	1-1 企业文化	熟悉企业文化、经营理念；熟悉企业管理模式；把握企业文化的精髓；能对调研企业的文化进行提炼并合理应用在实践教学中
	1-2 企业制度	知晓法律与政策；熟悉企业组织结构与岗位工作说明；掌握企业管理制度与工作流程；能将企业制度与教学有机进行融合
	1-3 岗位规范	了解岗位劳动规则；知道定员定额标准、岗位培训规范、岗位人员规范、岗位安全与规范；能把岗位的规范要求体现在项目的实践操作中
	1-4 行业政策	能进行行业政策解读；能描述行业发展前景；通过对行业政策的解读引导专业可持续性发展
2 岗位基本能力	2-1 车间安全与车辆检查	能熟练操纵举升机、充电机等车间常规设备；能进行车辆 PDI 检查；能填写车辆维修记录工单
	2-2 汽车维护与保养作业	能熟练操纵诊断仪；能熟练进行发动机机油的更换与复位操作；能进行汽油滤清器的更换；能进行防冻冷却液的检查与更换；能进行节气门的清洗与检查；能进行火花塞的检查与更换；能进行汽车底盘部件的检查；能进行车轮的检查与换位操作；能进行制动液的检查与更换；能进行制动片的检查与更换；能进行自动变速器油的检查与更换；能进行转向助力液的检查与更换；能进行蓄电池的检测与更换；能进行空气滤芯及空调滤芯的检查与更换操作；会查询维修手册；操作规范；做到安全文明生产；了解各项目对应的保养周期及使用注意事项

续表5-1

模块名称	项目名称	行业实践能力描述
2 岗位基本能力	2-3 汽车零部件拆装作业	能熟练进行传动带的检查与更换；能进行轮胎拆装与轮胎动平衡检测；能够进行轮毂轴承的检查与拆装；能够进行减震器的检查与更换；能够进行雨刮片的更换；能够进行起动机的检测与更换；能够进行发电机的检测与更换；能够进行麦弗逊悬架下摆臂总成的更换；能够进行主驾驶室安全气囊的拆装；会查询维修手册；操作规范；做到安全文明生产；了解各项目注意事项
3 岗位核心能力	3-1 发动机检测作业	能进行活塞连杆组、气缸盖、曲轴、配气机构的拆装与检测；能够进行气缸磨损检测；能够进行节气门总成的检测；能够对汽车发动机传感器和执行器进行检测；能够进行发动机机油压力的检测；能够进行气缸压缩压力的检测；能够进行燃油压力检测；能够进行尾气检测与分析；能够进行冷却系统密封性检测；会查询维修手册；操作规范；会使用百分表、千分尺、量缸表等量具；做到安全文明生产；能根据检测结果进行具体分析
	3-2 底盘检测作业	能进行驻车制动器的调整；能够进行盘式制动器的拆装与检测；能进行膜片式离合器总成的拆装与检测；能够进行自动变速器电磁阀的检测；能够进行制动踏板行程测量与真空助力器检测；能够操纵四轮定位仪，并对车轮前束值进行调整；会查询维修手册；操作规范；会使用千分尺；做到安全文明生产；能根据检测结果进行具体分析
	3-3 电气系统检测作业	能够进行蓄电池性能检测与寄生电流的测试；能够进行空调制冷剂的回收与加注；能够进行玻璃升降器总成的拆装与检测；能够进行雨刮器总成的拆装与检测；能够熟练使用万用表；能够熟练使用寄生电流检测仪；能够熟练使用蓄电池检测仪；能够熟练使用AC350制冷剂回收加注机；能够熟练使用空调性能检测仪；会查询维修手册；操作规范；做到安全文明生产；能够根据检测结果进行具体分析
	3-4 发动机故障诊断作业	能排除车身模块不通信的故障；能排除发动机失去通信的故障；能进行传感器及执行器工作波形的检测与分析；能排除发动机ECU电源故障；能排除起动机不工作的故障；能排除单缸缺火的故障；能排除燃油供给系统不工作的故障；能排除进气系统（涡轮增压）故障；能排除排气系统（排气净化）故障；能绘制上述故障对应的电路图；具备较好的逻辑推理能力；能熟练使用万用表、诊断仪、示波器等检测工具；能看懂对应车型的电路图并进行原理分析；操作规范；能做到安全文明生产

续表5-1

模块名称	项目名称	行业实践能力描述
3 岗位核心能力	3-5 底盘故障诊断作业	能排除自动变速器故障指示灯常亮的故障；能排除电动转向系统故障灯常亮的故障；能进行电子转向系统的检查与标定；能排除电子手刹工作异常的故障；能排除电控悬架工作异常的故障；能排除胎压监测系统故障；能熟练使用诊断仪、万用表等常用诊断工具；能看懂对应车型的电路图；具备一定的逻辑推理能力；能绘制上述故障排除的流程图；操作规范；能做到安全文明生产
	3-6 电气系统故障诊断作业	能进行空调系统工作异常的故障排除；能排除前照灯不亮的故障；能排除喇叭工作异常的故障；能排除电动车窗不工作的故障；能排除后视镜工作异常的故障；能排除中控门锁工作异常的故障；能排除行车辅助系统的故障；能排除娱乐系统的故障；能排除雨刮系统不工作的故障；能看懂对应车型的电路图；具备一定的逻辑推理能力；能绘制对应故障的诊断流程图；规范操作；能做到安全文明生产
	3-7 车身修复作业	能进行车身凹陷外形的修复；熟练使用钣金与喷涂工具；能进行车身覆盖件的拆装与合位操作；树立环保节约意识；操作规范
	3-8 新能源汽车保养作业	能进行电动汽车的新车交付检查；能进行电动汽车充电系统的维护与保养；能进行电动汽车蓄电池系统的维护；能进行电动汽车冷却系统的维护与保养；能进行电动汽车底盘的维护与保养；能进行电动汽车转向系统的维护与保养；能进行电动汽车车身电器系统的维护；能进行电动汽车空调系统的维护与保养；能熟练使用绝缘工具套装；能做到安全文明生产；会查询维修手册(必须考取低压电工证方可进行本项目的实践操作)
	3-9 新能源汽车检修作业	能识别电动汽车的基本结构；知晓电动汽车的工作原理；能进行电机的拆装；能进行电动汽车高压断电操作；能进行高压控制盒的更换；能进行车载充电系统部件的更换；能进行DC/DC变换器的更换；能进行电动汽车高压部件的绝缘性检测；能熟练使用绝缘工具套装；能做到安全文明生产；会查询维修手册(必须考取低压电工证方可进行本项目的实践操作)
	3-10 新能源汽车诊断作业	能排除电动汽车慢充正常但无充电连接指示灯的故障；能排除快充桩与车辆无法通信的故障；能排除车辆 SOC 为零提示尽快充电的故障；能排除车辆无法行驶且 READY 灯熄灭的故障；能排除电机控制器过热的故障；能排除电机过热的故障；会查询维修手册；能读懂电路图；具备较好的逻辑推理能力；能熟练使用绝缘套装工具；能做到安全文明生产(必须考取低压电工证方可进行本项目的实践操作)

续表5-1

模块名称	项目名称	行业实践能力描述
4 专业教学能力	4-1 市场调研	能制作有效的汽车行业和汽车企业的市场调研问卷；能根据调研问卷提炼出关键性数据；能将分析数据在专业人才培养中进行运用；能进行人才培养方案的优化
	4-2 分析典型工作任务	能有效提炼出企业典型工作任务；能分析典型工作任务对应的知识、技能和素养目标；能将典型工作任务融入人才培养方案中；能把典型工作任务分解合成到对应课程；能体现行业新标准、新工艺、新技术
	4-3 开发课程体系	了解汽车检测维修类专业课程体系开发的方法和基本流程；具备专业课程体系开发的能力；能制作对应的课程进程表
	4-4 收集与开发教学资源	了解汽车检测维修类专业实践教案、教材和指导手册的开发方法和流程；具备收集教学资源的能力；具备开发原创教学资源的能力；能够熟练使用一种或多种音频、视频处理软件；具备微视频制作的能力
5 专业发展能力	5-1 应用技术研究	了解汽车专业实用新型专利的开发方法与流程；了解汽车改装的研究与实践、汽车维修技术培训的实施以及汽车维修关键岗位技术标准的开发流程
	5-2 岗位新技术	了解车联网技术和智能驾驶技术的基础知识；了解车联网和智能驾驶的核心技术和关键信息

表 5-2　汽车检测维修类专业教师专业教学能力分析表

工作领域	工作任务	专业教学能力描述
1 典型工作任务分析	1-1 岗位分析	1-1-1 能制订调研方案、编制调研问卷，实施汽车检测与维修业的调研
		1-1-2 能对调研资料进行整理和分析
	1-2 典型工作任务分析	1-2-1 能组织或参与各岗位能力需求分析
		1-2-2 能组织或参与汽车维修行业实践专家访谈会
		1-2-3 能进行汽车检测维修类专业典型工作任务分析

续表5-2

工作领域	工作任务	专业教学能力描述
2 工作任务转化为教学内容	2-1 将工作任务融入标准	2-1-1 能根据调研结果和岗位能力需求分析情况优化汽车检测维修类专业人才培养目标
		2-1-2 能根据典型工作任务分析结果优化汽车检测维修类专业课程体系
		2-1-3 能依据行业对职业能力的要求优化课程标准中的实践教学内容
	2-2 将标准落实于教学中	2-2-1 能根据课程标准设计和优化实践教学项目、教学目标、教案、操作流程、评价标准、实训指导手册等
		2-2-2 能根据课程标准要求开发实践教学校本教材
		2-2-3 能根据课程标准要求指导学生进行生产实习操作
3 教学资源收集与开发	3-1 收集教学资源	3-1-1 能完整搜集汽车保养、检测与诊断个案及相关实践数据
		3-1-2 能将搜集数据进行分析，提炼出典型工作任务
		3-1-3 能完整搜集典型工作任务操作流程、评价标准等相关资源
	3-2 开发教学资源	3-2-1 能根据典型工作任务开发教学案例
		3-2-2 能根据典型工作任务开发信息化、数字化教学资源

▶ 六、培训任务与培训要求

(一)培训任务

汽车检测维修类专业教师企业实践的培训内容共包括 5 个模块 23 个项目和 143 个任务(表 6-1)。

在进行企业实践前,教师可根据自己任教的课程和本次实践的时间选择培训的项目和任务。其中岗位基本能力模块的内容在第一年必须培训完成,其余模块的任务在 1~5 年内完成一轮培训。

表 6-1　汽车检测维修类专业教师企业实践培训任务一览表

培训模块	培训项目	培训任务	培训时量/天
1 职业素养	1-1 企业文化	1-1-1 企业历史与发展文化	2
		1-1-2 企业品牌文化	
		1-1-3 企业精神与理念	
		1-1-4 企业服务与管理	
	1-2 企业制度	1-2-1 法律与政策	2
		1-2-2 企业组织结构与岗位工作说明	
		1-2-3 企业管理制度与工作流程	
	1-3 岗位规范	1-3-1 岗位劳动规则	4
		1-3-2 定员定额标准	
		1-3-3 岗位培训规范	
		1-3-4 岗位人员规范	
		1-3-5 岗位安全与规范	
	1-4 行业政策	1-4-1 行业政策解读	2
		1-4-2 行业发展前景	
合计			10

续表6-1

培训模块	培训项目	培训任务	培训时量/天
2 岗位基本能力	2-1 车间安全与车辆检查	2-1-1 车间常规设备的使用	1
		2-1-2 车辆 PDI 检查	1
	2-2 汽车维护与保养作业	2-2-1 诊断仪的基本使用	1
		2-2-2 发动机机油的更换与保养复位	2
		2-2-3 汽油滤清器的更换	1
		2-2-4 防冻冷却液的检查和更换	1
		2-2-5 节气门的检查和清洗	1
		2-2-6 火花塞的检查与更换	1
		2-2-7 底盘部件检查	2
		2-2-8 车轮的检查与换位	1
		2-2-9 制动液的检查与更换	1
		2-2-10 制动片的检查与更换	1
		2-2-11 自动变速器油的检查与更换	1
		2-2-12 转向助力液的检查与更换	1
		2-2-13 蓄电池的检测与更换	1
		2-2-14 空气滤芯及空调滤芯的检查与更换	1
		小计	18
	2-3 汽车零部件拆装作业	2-3-1 传动带的检查与更换	1
		2-3-2 轮胎拆装与动平衡	1
		2-3-3 轮毂轴承的检查与拆装	1
		2-3-4 减震器的检查与更换	1
		2-3-5 前后车窗雨刮片的更换	1
		2-3-6 起动机的检测与更换	1
		2-3-7 发电机的检测与更换	1
		2-3-8 更换麦弗逊悬架下摆臂总成	2
		2-3-9 主驾驶座安全气囊的拆装	1
		小计	10
		合计	28

续表6-1

培训模块	培训项目	培训任务	培训时量/天
3 岗位核心能力	3-1 发动机检测作业	3-1-1 活塞连杆组的拆装与检测	1
		3-1-2 气缸盖拆装与检测	1
		3-1-3 气缸磨损检测	1
		3-1-4 曲轴拆装与检测	1
		3-1-5 气门机构拆装与检测	1
		3-1-6 气门间隙的检测与调整	1
		3-1-7 配气正时机构拆装与检查(皮带)	1
		3-1-8 配气正时机构拆装、测量与检查(链条)	1
		3-1-9 节气门体总成的检测	1
		3-1-10 凸轮轴位置传感器的检测	1
		3-1-11 进气歧管绝对压力传感器的检测	2
		3-1-12 四线式加热型氧传感器的检测	2
		3-1-13 独立式点火线圈的检测	2
		3-1-14 曲轴位置传感器的检测	2
		3-1-15 发动机机油压力检测	2
		3-1-16 气缸压缩压力检测	2
		3-1-17 排气背压检测	2
		3-1-18 燃油压力检测	2
		3-1-19 尾气检测与分析	2
		3-1-20 冷却系统密封性检测	2
		小计	30
	3-2 底盘检测作业	3-2-1 驻车制动器的调整(机械)	1
		3-2-2 盘式制动器的拆装与检测	2
		3-2-3 膜片式离合器总成的拆装与检测	1
		3-2-4 自动变速器电磁阀检测	2
		3-2-5 制动踏板行程测量与真空助力器检测	1
		3-2-6 车轮定位参数检测与车轮前束值调整	3
		小计	10

续表6-1

培训模块	培训项目	培训任务	培训时量/天
3 岗位核心能力	3-3 电气系统检测作业	3-3-1 蓄电池性能检测与寄生电流测试	2
		3-3-2 空调制冷剂的回收与加注	2
		3-3-3 空调系统性能检测	2
		3-3-4 玻璃升降器总成拆装与检测	2
		3-3-5 雨刮器总成拆装与检测	2
		小计	10
	3-4 发动机故障诊断作业	3-4-1 车身模块不通信故障诊断与排除	3
		3-4-2 发动机失去通信的故障诊断与排除	3
		3-4-3 传感器波形检测与分析	3
		3-4-4 执行器波形检测与分析	3
		3-4-5 发动机 ECU 电源故障诊断与排除	3
		3-4-6 起动机不工作的故障诊断与排除	3
		3-4-7 单缸缺火的故障诊断与排除	3
		3-4-8 燃油供给系统不工作的故障诊断与排除	3
		3-4-9 进气系统(涡轮增压)故障诊断与排除	3
		3-4-10 排气系统(排气净化)故障诊断与排除	3
		小计	30
	3-5 底盘故障诊断作业	3-5-1 自动变速器故障指示灯常亮的故障诊断与排除	10
		3-5-2 电动转向系统故障灯常亮的故障诊断与排除	3
		3-5-3 电子转向系统检查与标定	2
		3-5-4 ABS 故障灯常亮的故障诊断与排除	6
		3-5-5 电子手刹工作异常故障诊断与排除	3
		3-5-6 电控悬架工作异常故障诊断与排除	3
		3-5-7 胎压监测系统故障诊断与排除	3
		小计	30

续表6-1

培训模块	培训项目	培训任务	培训时量/天
3 岗位核心能力	3-6 电气系统故障诊断作业	3-6-1 空调鼓风机不工作故障诊断与排除	3
		3-6-2 空调压缩机不工作的故障诊断与排除	3
		3-6-3 前照灯不亮的故障诊断与排除	3
		3-6-4 喇叭工作异常故障诊断与排除	3
		3-6-5 电动车窗不工作的故障诊断与排除	3
		3-6-6 后视镜工作异常故障诊断与排除	3
		3-6-7 中控门锁不工作故障诊断与排除	3
		3-6-8 行车辅助系统故障诊断与排除	3
		3-6-9 娱乐系统故障诊断与排除	3
		3-6-10 雨刮系统不工作故障诊断与排除	3
		小计	30
	3-7 车身修复作业	3-7-1 车身凹陷外形修复(钣金)	10
		3-7-2 车身凹陷外观修复(喷涂)	10
		3-7-3 车身覆盖件的拆装与合位	10
		小计	30
	3-8 新能源汽车保养作业	3-8-1 电动汽车维护与保养准备	1
		3-8-2 电动汽车新车交付检查	1
		3-8-3 电动汽车充电系统维护与保养	1
		3-8-4 电动汽车动力蓄电池系统维护	1
		3-8-5 电动汽车冷却系统维护与保养	1
		3-8-6 电动汽车底盘维护与保养	1
		3-8-7 电动汽车制动系统维护与保养	1
		3-8-8 电动助力转向系统维护与保养	1
		3-8-9 电动汽车车身电器设备维护	1
		3-8-10 电动汽车空调系统维护与保养	1
		小计	10

续表6-1

培训模块	培训项目	培训任务	培训时量/天
3 岗位核心能力	3-9 新能源汽车检修作业	3-9-1 电动汽车基本结构识别	4
		3-9-2 电机的结构及拆装	1
		3-9-3 电动汽车高压断电操作流程	1
		3-9-4 高压控制盒的更换流程	1
		3-9-5 车载充电系统部件的更换流程	1
		3-9-6 DC/DC 变换器的更换流程	1
		3-9-7 电动汽车高压部件绝缘检测	1
	小计		10
	3-10 新能源汽车诊断作业	3-10-1 慢充充电正常但无充电连接指示灯故障诊断	1
		3-10-2 快充桩与车辆无法通信故障诊断	2
		3-10-3 车辆 SOC 为零提示尽快充电故障诊断	1
		3-10-4 车辆无法行驶且 READY 灯熄灭故障诊断	2
		3-10-5 电机控制器过热故障诊断	2
		3-10-6 电机过热故障诊断	2
	小计		10
合计			200
4 专业教学能力	4-1 市场调研	4-1-1 汽车检测维修类专业调研方案、调研问卷的制订	8
		4-1-2 汽车检测维修类专业调研的实施	
		4-1-3 汽车检测维修类专业调研数据的分析与报告的撰写	
	4-2 分析典型工作任务	4-2-1 汽车行业岗位能力需求分析方法	8
		4-2-2 汽车行业实践专家访谈会的组织	
		4-2-3 汽车检测维修类专业典型工作任务的分析	

续表6-1

培训模块	培训项目	培训任务	培训时量/天
4 专业教学能力	4-3 开发课程体系	4-3-1 汽车检测维修类专业核心课程培养目标的分析	8
		4-3-2 汽车检测维修类专业核心课程标准与内容的确定	
		4-3-3 汽车检测维修类专业课程实践教学标准与内容的确定	
		4-3-4 汽车检测维修类专业课程体系的研制	
	4-4 收集与开发教学资源	4-4-1 汽车检测维修类专业实践教学教案、教材、指导手册开发	8
		4-4-2 汽车检测维修类专业资源的收集与分类	
		4-4-3 汽车检测维修类专业工作化过程教学案例开发	
		4-4-4 汽车检测维修类专业信息化教学资源开发	
合计			32
5 专业发展能力	5-1 应用技术研究	5-1-1 汽车专业实用新型专利的开发	5
		5-1-2 汽车改装研究与实践	5
		5-1-3 汽车维修技术培训	5
		5-1-4 汽车维修关键岗位技术标准开发	5
	5-2 岗位新技术	5-2-1 车联网技术领域信息收集分析	5
		5-2-2 智能驾驶技术领域信息收集分析	5
合计			30
总计			300

（二）培训要求

模块一：职业素养

本模块主要包括企业文化、企业制度、岗位规范和行业政策方面的内容。

（1）项目1-1：企业文化。

本项目培训内容主要包括企业历史与发展文化、企业品牌文化、企业精神与理念和企业服务与管理等，具体培训任务及要求见表6-2。

表6-2　企业文化项目培训任务及要求一览表

项目1-1：企业文化

任务描述：通过汽车企业文化项目的培训，学员了解汽车企业历史与发展文化，熟悉汽车企业的品牌文化，领会汽车企业的精神，掌握汽车企业的服务与管理理念；能够熟悉培训涉及的汽车产品，能对调研企业的文化进行提炼并合理应用在实践教学中

培训时量：2天

培训任务	培训目标	训练内容	培训地点	培训形式	培训时量/天
1-1-1 企业历史与发展文化	能够了解汽车企业历史与发展文化	1. 汽车企业的历史与文化； 2. 汽车企业的发展历程	理论教室	讲授讨论	0.5
1-1-2 企业品牌文化	能够熟悉汽车企业的品牌文化	1. 汽车企业的品牌特点； 2. 汽车企业的品牌文化	理论教室	讲授讨论	0.5
1-1-3 企业精神与理念	能够领会汽车企业的精神	1. 汽车企业的内涵文化； 2. 汽车企业的企业精神	理论教室	讲授讨论	0.5
1-1-4 企业服务与管理	能够掌握汽车企业的服务与管理理念	1. 汽车企业的服务理念； 2. 汽车企业的管理理念	理论教室	讲授讨论	0.5

考核方式：项目综合考核

预期成果	考核评价要求
学习心得	根据当天的学习内容，结合自己的教学实际情况，反思在以后的教学中如何进一步融入汽车企业文化、先进的服务与管理理念

（2）项目 1-2：企业制度。

本项目培训内容主要包括法律与法规、企业组织结构与管理制度以及工作流程等，具体培训任务及要求见表 6-3。

表 6-3　企业制度项目培训任务及要求一览表

项目 1-2：企业制度					
任务描述：通过汽车企业制度项目的培训，学员能够了解法律与政策，熟悉企业组织结构与岗位工作说明，掌握企业管理制度与工作流程；能将企业制度与教学进行有机融合					
培训时量：2 天					
培训任务	培训目标	训练内容	培训地点	培训形式	培训时量/天
1-2-1 法律与政策	能够了解汽车企业相关的法律与政策	1. 涉及汽车企业的相关法律条例与准则； 2. 涉及汽车企业的国家政策、地方政策与行业相关政策	理论教室	讲授讨论	0.5
1-2-2 企业组织结构与岗位工作说明	能够熟悉汽车企业组织结构与岗位工作说明	1. 汽车企业的组织架构； 2. 汽车企业的岗位职责与工作说明	理论教室	讲授讨论	0.5
1-2-3 企业管理制度与工作流程	能够掌握汽车企业管理制度与工作流程	1. 汽车企业的管理制度； 2. 汽车企业的工作流程	理论教室	讲授讨论	1
考核方式：项目综合考核					
预期成果	考核评价要求				
学习心得	根据当天的学习内容，结合自己的教学实际情况，思考在以后的教学中如何进一步融入汽车企业的管理制度与先进的工作流程				

（3）项目 1-3：岗位规范。

本项目培训内容主要包括岗位劳动规则、岗位培训规范、岗位安全规范等，具体培训任务及要求见表 6-4。

表6-4　岗位规范项目培训任务及要求一览表

项目1-3：岗位规范

任务描述：通过汽车企业岗位规范项目的培训，学员能够了解岗位劳动规则，懂得定员定额标准、岗位培训规范、岗位人员规范、岗位安全与规范；能把岗位的规范要求体现在项目的实践操作中

培训时量：4天

培训任务	培训目标	训练内容	培训地点	培训形式	培训时量/天
1-3-1 岗位劳动规则	能够了解汽车企业岗位劳动规则	1.汽车企业岗位劳动时间与组织规则； 2.汽车企业岗位劳动岗位与协作规则； 3.汽车企业岗位劳动行为规则	理论教室	讲授讨论	0.5
1-3-2 定员定额标准	能够熟悉汽车企业定员定额标准	1.汽车企业编制定员标准与各类岗位人员标准； 2.汽车企业时间定额标准与产量定额标准或双重定额标准	理论教室	讲授讨论	1
1-3-3 岗位培训规范	能够掌握汽车企业岗位培训规范	1.汽车企业岗位员工职业技能培训的规定； 2.汽车企业岗位员工职业技能培训开发的规定	理论教室	讲授讨论	1
1-3-4 岗位人员规范	能够掌握汽车企业岗位人员规范	1.汽车企业岗位规范； 2.汽车企业人员规范	理论教室	讲授讨论	0.5
1-3-5 岗位安全与规范	能够掌握汽车企业岗位安全与规范	1.汽车企业岗位安全操作规程； 2.汽车企业岗位安全与规范	理论教室	讲授讨论	1

考核方式：项目综合考核

预期成果	考核评价要求
学习心得	根据当天的学习内容，结合自己的教学实际情况，思考在以后的教学中如何进一步融入汽车企业岗位安全规范与先进的岗位人员规范

(4)项目1-4：行业政策。

本项目培训内容主要包括行业政策解读、行业发展前景描述、行业政策的宣讲等，具体培训任务及要求见表6-5。

表6-5 行业政策项目培训任务及要求一览表

项目1-4：行业政策

任务描述：通过汽车企业行业政策项目的培训，学员能够进行汽车行业政策解读，能够描述行业发展前景；通过对行业政策的解读引导专业可持续性发展

培训时量：2天

培训任务	培训目标	训练内容	培训地点	培训形式	培训时量/天
1-4-1行业政策解读	能够进行汽车行业政策解读	1.进行汽车行业政策的调研； 2.提炼行业政策报告中的关键信息； 3.用分析结果指导专业建设	理论教室	讲授讨论	1
1-4-2行业发展前景	能够描述行业发展前景	1.汽车行业现状分析； 2.汽车行业前景分析； 3.分析汽车行业研究报告	理论教室	讲授讨论	1

考核方式：项目综合考核

预期成果	考核评价要求
学习心得	根据当天的学习内容，结合自己的教学实际情况，思考在以后的教学中如何进一步融入汽车行业政策与汽车行业发展前景
报告	进行汽车行业发展现状及发展趋势分析，形成报告

模块二：岗位基本能力

本模块主要包括车间与车辆检查、维护方面的内容。

(1)项目2-1：车间安全与车辆检查。

本项目培训内容主要包括车间常规设施设备的使用和车辆PDI检查等，具体培训任务及要求见表6-6。

表 6-6　车间安全与车辆检查培训任务及培训要求一览表

项目 2-1：车间安全与车辆检查

任务描述：通过学习可以规范操作车间常规设施设备，能进行车辆 PDI 检查

培训时量：2 天

培训任务	培训目标	训练内容	培训地点	培训形式	培训时量/天
2-1-1 车间常规设备的使用	1. 能够掌握车间常规设备的使用； 2. 能够表述车间常规设备的操作方法； 3. 能够进行该项目的教学设计	1. 举升机、充电机等设备的使用方法； 2. 车间操作安全知识	4S 店	跟班作业	1
2-1-2 车辆 PDI 检查	1. 能够独立完成车辆 PDI 检查； 2. 能够表述车辆 PDI 检查的步骤； 3. 能够进行该项目的教学设计	1. 车辆外观检查； 2. 发动机舱检查； 3. 座舱检查、中控台、仪表盘检查； 4. 灯光检查； 5. 底盘检查； 6. 车辆预检单的填写	4S 店	跟班作业	1

考核方式：项目综合考核

预期成果	考核评价要求
实践总结报告	针对本次实践任务梳理操作流程，记录技术要领，整理教学资源，总结心得体会

（2）项目 2-2：汽车维护与保养作业。

本项目培训内容主要包括诊断仪的使用、发动机机油的更换、汽油滤清器的更换、防冻冷却液的检查与更换、节气门的检查与清洗等，具体培训任务及要求见表 6-7。

表 6-7　汽车维护与保养作业培训任务及培训要求一览表

项目 2-2：汽车维护与保养作业

任务描述：通过学习可以进行汽车常规维护与保养作业，能正确使用各类工具

培训时量：16 天

续表6-7

培训任务	培训目标	训练内容	培训地点	培训形式	培训时量/天
2-2-1 诊断仪的基本使用	1. 能够掌握诊断仪的基本使用; 2. 能够表述诊断仪的使用方法; 3. 能够进行该项目的教学设计	1. 故障码的读取方法; 2. 数据流的读取方法; 3. 动作测试的操作方法	4S店	跟班作业	1
2-2-2 发动机机油的更换与保养复位	1. 能够独立完成发动机机油的更换; 2. 能够表述发动机机油更换的操作方法; 3. 能够进行该项目的教学设计	1. 机油的排放与更换; 2. 机油滤清器的更换; 3. 机油复位操作	4S店	跟班作业	2
2-2-3 汽油滤清器的更换	1. 能够独立完成汽油滤清器的更换; 2. 能够表述汽油滤清器更换的操作步骤; 3. 能够进行该项目的教学设计	1. 燃油压力的释放; 2. 汽油滤清器的更换	4S店	跟班作业	1
2-2-4 防冻冷却液的检查和更换	1. 能够独立完成防冻冷却液的检查和更换; 2. 能够表述防冻冷却液的检查和更换方法; 3. 能够进行该项目的教学设计	1. 冰点测试仪的使用; 2. 防冻冷却液的更换; 3. 冷却系统的排气	4S店	跟班作业	1
2-2-5 节气门的检查和清洗	1. 能够独立完成节气门的检查和清洗; 2. 能够表述节气门的检查和清洗步骤; 3. 能够进行该项目的教学设计	1. 空气滤清器的检查与更换; 2. 节气门体的拆卸与安装; 3. 节气门体的清洗; 4. 节气门开度的复位	4S店	跟班作业	1

续表6-7

培训任务	培训目标	训练内容	培训地点	培训形式	培训时量/天
2-2-6 火花塞的检查与更换	1. 能够独立完成火花塞的更换； 2. 能够表述火花塞更换的操作方法； 3. 能够进行该项目的教学设计	1. 火花塞的间隙检测； 2. 火花塞的更换	4S店	跟班作业	1
2-2-7 底盘部件检查	1. 能够正确进行底盘部件检查； 2. 能够表述底盘部件检查的操作方法； 3. 能够进行该项目的教学设计	1. 制动、悬架、转向、尾气排放管的检查； 2. 检测数据分析	4S店	跟班作业	2
2-2-8 车轮的检查与换位	1. 能够独立完成轮胎的检查与换位； 2. 能够表述轮胎的检查与换位的操作方法； 3. 能够进行该项目的教学设计	1. 花纹深度尺及轮胎气压表的使用； 2. 检测数据分析； 3. 轮胎的换位	4S店	跟班作业	1
2-2-9 制动液的检查与更换	1. 能够独立完成制动液的更换； 2. 能够表述制动液更换的操作方法； 3. 能够进行该项目的教学设计	1. 制动液的更换； 2. 制动系统的排气	4S店	跟班作业	1
2-2-10 制动片的检查与更换	1. 能够独立完成制动片的厚度检查和更换； 2. 能够表述制动片的厚度检查和更换方法； 3. 能够进行该项目的教学设计	1. 制动片的拆卸与安装； 2. 制动分泵复位专用工具的使用； 3. 制动片的厚度检查	4S店	跟班作业	1

续表6-7

培训任务	培训目标	训练内容	培训地点	培训形式	培训时量/天
2-2-11 自动变速器油的检查与更换	1.能够独立完成自动变速器油的更换； 2.能够表述自动变速器油的更换方法。 3.能够进行该项目的教学设计	1.使用故障诊断仪读取变速器油温； 2.变速器油的更换； 3.检查加注油位	4S店	跟班作业	1
2-2-12 转向助力液的检查与更换	1.能够独立完成转向系统的排气； 2.能够表述转向系统的排气方法； 3.能够进行该项目的教学设计	1.转向系统的管路分类； 2.转向系统的排气	4S店	跟班作业	1
2-2-13 蓄电池的检测与更换	1.能够独立完成蓄电池的检测与更换； 2.能够表述蓄电池的检测与更换方法。 3.能够进行该项目的教学设计	1.蓄电池各项技术参数的识别； 2.蓄电池检测仪的使用； 3.蓄电池的拆卸与安装； 4.车辆功能的设置与复位	4S店	跟班作业	1
2-2-14 空气滤芯及空调滤芯的检查与更换	1.能够独立完成空气滤芯及空调滤芯的更换； 2.能够进行该项目的教学设计	空气滤芯及空调滤芯的更换	4S店	跟班作业	1

考核方式：项目综合考核

预期成果	考核评价要求
实践总结报告	针对本次实践任务梳理操作流程，记录技术要领，整理教学资源，总结心得体会

(3)项目2-3：汽车零部件拆装作业。

本项目培训内容主要包括传动带的检查与更换、轮胎拆装与动平衡检测、减震器的检查与更换、主驾驶座安全气囊的拆装等，具体培训任务及要求见表6-8。

表6-8　汽车零部件拆装作业培训任务及培训要求一览表

项目2-3：汽车零部件拆装作业

任务描述：通过学习能够掌握汽车零部件的规范拆装，做到安全文明生产

培训时量：10天

培训任务	培训目标	训练内容	培训地点	培训形式	培训时量/天
2-3-1 传动带的检查与更换	1. 能够进行传动带张紧度的检查； 2. 能够进行传动带的更换	1. 传动带张紧度的检查； 2. 传动带的更换操作	4S 店	跟班作业	1
2-3-2 轮胎拆装与动平衡	1. 能够独立完成轮胎的各项检查； 2. 能够进行轮胎的拆装操作； 3. 能够进行轮胎动平衡检测及调整	1. 轮胎的拆装与检查； 2. 轮胎动平衡检测与调整	4S 店	跟班作业	1
2-3-3 轮毂轴承的检查与拆装	1. 能够进行轮毂轴承的检查； 2. 能够进行轮毂轴承的拆卸与安装	1. 轮毂轴承的检查； 2. 轮毂轴承的拆装	4S 店	跟班作业	1
2-3-4 减震器的检查与更换	1. 能够进行减震器的检查； 2. 能够进行减震器的更换操作	1. 减震器的检查； 2. 减震器的拆装	4S 店	跟班作业	1
2-3-5 前后车窗雨刮器片的更换	能够进行车窗雨刮片的更换	车窗雨刮片的更换	4S 店	跟班作业	1
2-3-6 起动机的检测与更换	1. 能够进行起动机起动电流检测； 2. 能够进行起动机的更换操作	1. 起动机起动电流检测； 2. 起动机的更换	4S 店	跟班作业	1

续表 6-8

培训任务	培训目标	训练内容	培训地点	培训形式	培训时量/天
2-3-7 发电机的检测与更换	1.能够进行发电机各项性能检测； 2.判断发电机好坏； 3.发电机的更换	1.发电机性能检测； 2.发电机更换操作	4S店	跟班作业	1
2-3-8 更换麦弗逊悬架下摆臂总成	1.能够进行麦弗逊悬架下摆臂总成的更换； 2.掌握工具的正确使用	麦弗逊悬架下摆臂总成的更换	4S店	跟班作业	2
2-3-9 主驾驶座安全气囊的拆装	1.能够进行主驾驶座安全气囊的拆装； 2.能描述拆卸安全气囊注意事项； 3.做到安全生产	1.安全气囊拆装注意事项； 2.安全气囊的拆装	4S店	跟班作业	1

考核方式：项目综合考核

预期成果	考核评价要求
实践总结报告	针对本次实践任务梳理操作流程，记录技术要领，整理教学资源，总结心得体会

模块三：岗位核心能力

（1）项目 3-1：发动机检测作业。

本项目培训内容主要包括活塞连杆组的拆装与检测、气缸盖的拆装与检测、气缸磨损检测、曲轴拆装与检测等，具体培训任务及要求见表 6-9。

表 6-9 发动机检测作业培训任务及培训要求一览表

项目 3-1：发动机检测作业
任务描述：通过发动机检测各个项目的实践操作，掌握发动机工作原理，判断发动机性能的好坏
培训时量：30 天

续表 6-9

培训任务	培训目标	训练内容	培训地点	培训形式	培训时量/天
3-1-1 活塞连杆组的拆装与检测	1. 能够掌握活塞连杆组的拆装方法； 2. 能够进行活塞连杆组的检测； 3. 能够进行项目的教学设计	1. 活塞连杆组的拆装； 2. 活塞连杆组的检测	4S店	跟班作业	1
3-1-2 气缸盖拆装与检测	1. 能够进行气缸盖的拆装； 2. 能够检测气缸盖的平面度； 3. 能够进行项目的教学设计	1. 气缸盖的拆装； 2. 气缸盖平面度的检测	4S店	跟班作业	1
3-1-3 气缸磨损检测	1. 能够进行气缸磨损量的检测； 2. 能够掌握气缸磨损规律； 3. 能够进行项目的教学设计	1. 量缸表的使用； 2. 千分尺的使用； 3. 气缸磨损度的检测与分析	4S店	跟班作业	1
3-1-4 曲轴拆装与检测	1. 能够进行曲轴的拆装； 2. 能够检测曲轴的轴向间隙； 3. 能够进行曲轴轴承间隙检测； 4. 能够进行该项目的教学设计	1. 曲轴的拆装； 2. 曲轴轴向间隙的检测； 3. 曲轴轴承间隙的检测	4S店	跟班作业	1
3-1-5 气门机构拆装与检测	1. 能够进行凸轮轴的拆装； 2. 能够进行气门的拆装与检测； 3. 能够进行该项目的教学设计	1. 凸轮轴的拆装； 2. 气门的拆装与检测； 3. 气门拆装工具的使用	4S店	跟班作业	1

续表6-9

培训任务	培训目标	训练内容	培训地点	培训形式	培训时量/天
3-1-6 气门间隙的检测与调整	1.能够进行气门间隙的检测； 2.能够掌握逐缸调整法和两次调整法； 3.能进行气门间隙的调整； 4.能够进行该项目的教学设计	1.气门间隙值的检测； 2.气门间隙值的调整； 3.重点掌握两次调整法	4S店	跟班作业	1
3-1-7 配气正时机构拆装与检查(皮带)	1.能够进行正时皮带的拆卸； 2.能够进行正时皮带的安装； 3.能够进行正时标记的对准； 4.能够进行该项目的教学设计	1.正时皮带的拆卸与安装； 2.正时专用工具的使用； 3.配气正时的校对	4S店	跟班作业	1
3-1-8 配气正时机构拆装、测量与检查(链条)	1.能够进行正时链条的拆卸； 2.能够进行正时链条的安装； 3.掌握拆卸与安装的注意事项； 4.能够进行该项目的教学设计	1.正时链条的拆卸与安装； 2.正时导链板的拆卸与安装	4S店	跟班作业	1
3-1-9 节气门体总成的检测	1.能够进行节气门总成的拆装； 2.能够检查节气门电机的工作状况； 3.能够检查节气门位置传感器的工作状况； 4.能够进行该项目的教学设计	1.节气门总成的拆装； 2.节气门电机的检测； 3.节气门位置传感器的检测； 4.数据流的正确读取； 5.节气门总成的电路图识图	4S店	跟班作业	1

续表6-9

培训任务	培训目标	训练内容	培训地点	培训形式	培训时量/天
3-1-10 凸轮轴位置传感器的检测	1. 能够进行凸轮轴位置传感器的拆装； 2. 能够进行凸轮轴位置传感器的线路检测； 3. 能够进行凸轮轴位置传感器的性能检测； 4. 能够进行该项目的教学设计	1. 凸轮轴位置传感器的拆装与电路图识图； 2. 凸轮轴位置传感器的线路检测； 3. 凸轮轴位置传感器的性能检测； 4. 凸轮轴位置传感器的波形读取与分析	4S店	跟班作业	1
3-1-11 进气歧管绝对压力传感器的检测	1. 能够进行进气歧管压力传感器的拆装； 2. 能够进行进气歧管压力传感器的线路检测； 3. 能够进行进气歧管压力传感器的性能检测； 4. 能够进行该项目的教学设计	1. 进气歧管压力传感器的拆装与电路图识图； 2. 进气歧管压力传感器的线路检测； 3. 进气歧管压力传感器的性能检测； 4. 手动真空泵的使用	4S店	跟班作业	2
3-1-12 四线式加热型氧传感器的检测	1. 能够进行四线式加热型氧传感器的线路检测； 2. 能够进行四线式加热型氧传感器的数据流分析； 3. 能够进行该项目的教学设计	1. 加热型氧传感器的线路检测； 2. 加热型氧传感器的电路图识图； 3. 氧传感器的数据读取与分析； 4. 加热型氧传感器的波形读取与分析	4S店	跟班作业	2
3-1-13 独立式点火线圈的检测	1. 能够进行独立式点火线圈的拆装； 2. 能够进行独立式点火线圈的线路检测； 3. 能够读取点火线圈的波形并分析； 4. 能够进行该项目的教学设计	1. 点火线圈的拆装； 2. 点火线圈的检测； 3. 点火线圈波形读取与分析	4S店	跟班作业	2

续表6-9

培训任务	培训目标	训练内容	培训地点	培训形式	培训时量/天
3-1-14 曲轴位置传感器的检测	1.能够进行曲轴位置传感器的拆装； 2.能够进行曲轴位置传感器的线路检测； 3.能够进行曲轴位置传感器的性能检测； 4.能够进行该项目的教学设计	1.曲轴位置传感器的拆装与电路图识图； 2.曲轴位置传感器的线路检测； 3.曲轴位置传感器的性能检测； 4.曲轴位置传感器的波形读取与分析	4S店	跟班作业	2
3-1-15 发动机机油压力检测	1.能够进行发动机机油压力的检测； 2.能够正确安装机油压力表； 3.能够根据检测数据进行具体分析； 4.能够进行该项目的教学设计	1.机油压力的安装与使用； 2.机油压力的检测	4S店	跟班作业	2
3-1-16 气缸压缩压力检测	1.能够正确安装气缸压缩压力表； 2.能够正确表述气缸压缩压力检测步骤； 3.能够进行气缸压缩压力检测与数据分析； 4.能够进行该项目的教学设计	1.气缸压缩压力表的正确安装与使用； 2.气缸压缩压力值的检测； 3.气缸压缩压力值的分析与原因判断	4S店	跟班作业	2
3-1-17 排气背压检测	1.能够正确安装排气背压表； 2.能够正确表述排气背压的检测步骤； 3.能够根据检测排气背压值进行原因分析； 4.能够进行该项目的教学设计	1.排气背压表的正确安装与使用； 2.排气背压的检测； 3.排气背压值的分析	4S店	跟班作业	2

续表6-9

培训任务	培训目标	训练内容	培训地点	培训形式	培训时量/天
3-1-18 燃油压力检测	1. 能够正确安装燃油压力表； 2. 能够正确表述燃油压力的检测步骤； 3. 能够根据检测到的燃油压力进行具体分析； 4. 能够进行该项目的教学设计	1. 燃油压力表的正确安装与使用； 2. 燃油压力值的检测； 3. 燃油压力表的拆卸； 4. 燃油压力值的分析	4S店	跟班作业	2
3-1-19 尾气检测与分析	1. 能够进行尾气分析仪的使用； 2. 能够正确分析尾气分析仪各项数据； 3. 能够进行该项目的教学设计	1. 尾气分析仪的正确使用； 2. 尾气分析仪检测数据的分析	4S店	跟班作业	2
3-1-20 冷却系统密封性检测	1. 能够进行冷却系统密封性检测； 2. 能够根据检测数据进行冷却系统密封性能判断； 3. 能够进行该项目的教学设计	1. 冷却系统密封性检测； 2. 检测数据具体分析	4S店	跟班作业	2

考核方式：项目综合考核

预期成果	考核评价要求
实践总结报告	针对本次实践任务梳理操作流程，记录技术要领，整理教学资源，总结心得体会

（2）项目3-2：底盘检测作业。

本项目培训内容主要包括驻车制动器的调整、盘式制动器的拆装、膜片式离合器总成的拆装、自动变速器电磁阀检测等，具体培训任务及要求见表6-10。

表 6-10　底盘检测作业培训任务及培训要求一览表

项目 3-2：底盘检测作业

任务描述：通过底盘各部件的检测，可以更加系统地掌握底盘部件的工作原理，判断各部件性能

培训时量：10 天

培训任务	培训目标	训练内容	培训地点	培训形式	培训时量/天
3-2-1 驻车制动器的调整（机械）	1.能够进行驻车制动器驻车能力的判断； 2.能够进行驻车制动器驻车能力的调整； 3.能够进行该项目的教学设计	1.汽车驻车制动器的工作状况检查； 2.汽车驻车制动器的调整	4S 店	跟班作业	1
3-2-2 盘式制动器的拆装与检测	1.能够进行盘式制动器的拆装； 2.能够进行制动片检测； 3.能够进行制动盘厚度偏差检测； 4.能够进行该项目的教学设计	1.盘式制动器的拆装； 2.制动片的检测； 3.制动盘厚度偏差检测	4S 店	跟班作业	2
3-2-3 膜片式离合器总成的拆装与检测	1.能够进行膜片式离合器总成的拆装； 2.能够进行膜片式离合器总成的检测； 3.能够进行该项目的教学设计	1.膜片式离合器总成的拆装； 2.膜片式离合器总成的检测	4S 店	跟班作业	1
3-2-4 自动变速器电磁阀检测	1.能够进行自动变速器电磁阀的拆装； 2.能够进行电磁阀的检查； 3.能够进行该项目的教学设计	1.自动变速器电磁阀的拆装； 2.自动变速器电磁阀的检测； 3.电磁阀线束的拆卸安装	4S 店	跟班作业	2

续表 6-10

培训任务	培训目标	训练内容	培训地点	培训形式	培训时量/天
3-2-5 制动踏板行程测量与真空助力器检测	1.能够进行制动踏板行程测量； 2.能够检查真空助力器的助力状况； 3.能够进行结果分析； 4.能够进行该项目的教学设计	1.制动踏板行程的检测； 2.真空助力器助力情况检查	4S店	跟班作业	1
3-2-6 车轮定位参数检测与车轮前束值调整	1.能够进行四轮定位仪的操作； 2.能够表述四轮定位仪的关键步骤； 3.熟悉各技术参数； 4.能够进行该项目的教学设计	1.四轮定位仪的规范操作； 2.车轮前束值的调整方法	4S店	跟班作业	3

考核方式：项目综合考核

预期成果	考核评价要求
实践总结报告	针对本次实践任务梳理操作流程，记录技术要领，整理教学资源，总结心得体会

（3）项目 3-3：电气系统检测作业。

本项目培训内容主要包括蓄电池性能的检测、寄生电流的检测、玻璃升降器总成的拆装检测、空调制冷剂的回收与加注操作等，具体培训任务及要求见表 6-11。

表 6-11　电气系统检测作业培训任务及培训要求一览表

项目 3-3：电气系统检测作业
任务描述：通过汽车电气系统检测作业，理论联系实践，掌握汽车电气系统工作原理
培训时量：10 天

续表6-11

培训任务	培训目标	训练内容	培训地点	培训形式	培训时量/天
3-3-1 蓄电池性能检测与寄生电流测试	1.能够进行蓄电池性能检测；2.能够使用专用工具检测车辆寄生电流；3.能够进行该项目的教学设计	1.蓄电池性能检测仪的正确使用；2.寄生电流检测专用工具的使用；3.根据检测结果进行原因分析	4S店	跟班作业	2
3-3-2 空调制冷剂的回收与加注	1.能够熟练操作制冷剂回收加注机；2.能够熟练使用压力表组加注制冷剂；3.能够进行该项目的教学设计	1.AC350的规范操作；2.压力表组加注制冷剂	4S店	跟班作业	2
3-3-3 空调系统性能检测	1.能够熟练掌握空调性能检测的步骤；2.能够绘制焓湿图；3.能够进行该项目的教学设计	1.空调性能检测的规范操作；2.绘制焓湿图	4S店	跟班作业	2
3-3-4 玻璃升降器总成拆装与检测	1.能够进行玻璃升降器的拆装；2.能够检测电机的性能；3.能够进行该项目的教学设计	1.内饰件的拆装；2.玻璃升降器的规范拆装；3.电机的检测	4S店	跟班作业	2
3-3-5 雨刮器总成拆装与检测	1.能够进行雨刮器总成的拆装；2.能够进行喷水器的位置调整；3.能够进行该项目的教学设计	1.雨刮器总成的拆装；2.喷水器喷射位置的调整	4S店	跟班作业	2

考核方式：项目综合考核

预期成果	考核评价要求
实践总结报告	针对本次实践任务梳理操作流程，记录技术要领，整理教学资源，总结心得体会

(4)项目3-4：发动机故障诊断作业。

本项目培训内容主要包括车身模块不通信故障诊断与排除、发动机失去通信的故障诊断与排除、传感器波形检测与分析、执行器波形检测与分析等，具体培训任务及要求见表6-12。

表6-12 发动机故障诊断作业培训任务及培训要求一览表

项目3-4：发动机故障诊断作业

任务描述：通过培训，掌握发动机模块与其他模块之间的数据通信规律，掌握发动机故障的诊断与排除一般规律，能够进行发动机故障的诊断与排除

培训时量：30天

培训任务	培训目标	训练内容	培训地点	培训形式	培训时量/天
3-4-1 车身模块不通信故障诊断与排除	1. 能够正确使用诊断仪； 2. 能够读懂电路图； 3. 能够绘制车身模块不通信的故障诊断流程图； 4. 能够排除故障； 5. 能够进行该项目的教学设计	1. 电路图识图； 2. 绘制诊断流程图； 3. 进行故障排除	4S店	跟班作业	3
3-4-2 发动机失去通信的故障诊断与排除	1. 能够正确使用诊断仪； 2. 能够读懂电路图； 3. 能够绘制发动机模块不通信的故障诊断流程图； 4. 能够排除故障； 5. 能够进行该项目的教学设计	1. 电路图识图； 2. 绘制诊断流程图； 3. 进行故障排除	4S店	跟班作业	3
3-4-3 传感器波形检测与分析	1. 能够读懂电路图； 2. 能够进行传感器线束判别； 3. 能够正确使用示波器； 4. 能够正确读取传感器波形并加以分析； 5. 能够进行该项目的教学设计	1. 电路图识图； 2. 示波器的规范操作； 3. 传感器线束判断； 4. 绘制测量部件的波形并进行分析	4S店	跟班作业	3

续表 6-12

培训任务	培训目标	训练内容	培训地点	培训形式	培训时量/天
3-4-4 执行器波形检测与分析	1. 能够读懂电路图； 2. 能够进行执行器线束判别； 3. 能够正确使用示波器； 4. 能够正确读取执行器波形并加以分析； 5. 能够进行该项目的教学设计	1. 电路图识图； 2. 示波器的规范操作； 3. 执行器线束判断； 4. 绘制测量部件的波形并进行分析	4S 店	跟班作业	3
3-4-5 发动机 ECU 电源故障诊断与排除	1. 能够正确使用诊断仪； 2. 能够读懂电路图； 3. 能够绘制发动机 ECU 电源故障的故障诊断流程图； 4. 能够排除故障； 5. 能够进行该项目的教学设计	1. 电路图识图； 2. 绘制诊断流程图； 3. 进行故障排除	4S 店	跟班作业	3
3-4-6 起动机不工作的故障诊断与排除	1. 能够正确使用诊断仪； 2. 能够读懂电路图； 3. 能够绘制汽车起动机不工作的故障诊断流程图； 4. 能够排除故障； 5. 能够进行该项目的教学设计	1. 电路图识图； 2. 绘制诊断流程图； 3. 进行故障排除	4S 店	跟班作业	3
3-4-7 单缸缺火的故障诊断与排除	1. 能够正确使用诊断仪； 2. 能够读懂电路图； 3. 能够绘制点火系统的故障诊断流程图； 4. 能够排除故障； 5. 能够进行该项目的教学设计	1. 电路图识图； 2. 绘制诊断流程图； 3. 进行故障排除	4S 店	跟班作业	3

续表6-12

培训任务	培训目标	训练内容	培训地点	培训形式	培训时量/天
3-4-8 燃油供给系统不工作的故障诊断与排除	1. 能够正确使用诊断仪； 2. 能够读懂电路图； 3. 能够绘制燃油系统不工作的故障诊断流程图； 4. 能够排除故障； 5. 能够进行该项目的教学设计	1. 电路图识图； 2. 绘制诊断流程图； 3. 进行故障排除	4S 店	跟班作业	3
3-4-9 进气系统（涡轮增压）故障诊断与排除	1. 能够正确使用诊断仪； 2. 能够读懂电路图； 3. 能够绘制进气系统（涡轮增压）的故障诊断流程图； 4. 能够排除故障； 5. 能够进行该项目的教学设计	1. 电路图识图； 2. 绘制诊断流程图； 3. 进行故障排除	4S 店	跟班作业	3
3-4-10 排气系统（排气净化）故障诊断与排除	1. 能够正确使用诊断仪； 2. 能够读懂电路图； 3. 能够绘制排气系统（排气净化）的故障诊断流程图； 4. 能够排除故障； 5. 能够进行该项目的教学设计	1. 电路图识图； 2. 绘制诊断流程图； 3. 进行故障排除	4S 店	跟班作业	3

考核方式：项目综合考核

预期成果	考核评价要求
实践总结报告	针对本次实践任务梳理操作流程，记录技术要领，整理教学资源，总结心得体会

（5）项目3-5：底盘故障诊断作业。

本项目培训内容主要包括自动变速器故障指示灯常亮的故障诊断与排除、电动转向系统故障灯常亮的故障诊断与排除、电子转向系统检查与标定、ABS故障灯常亮的故障诊断与排除等，具体培训任务及要求见表6-13。

表6-13 底盘故障诊断作业培训任务及培训要求一览表

项目3-5：底盘故障诊断作业

任务描述：通过学习与实践，掌握汽车底盘故障诊断方法，能排除汽车底盘故障，收集教学资源，整理教学案例

培训时量：30天

培训任务	培训目标	训练内容	培训地点	培训形式	培训时量/天
3-5-1自动变速器故障指示灯常亮的故障诊断与排除	1.能够独立排除自动变速器故障； 2.能够表述自动变速器故障的排除方案； 3.能够进行该项目的教学设计	1.原理分析； 2.鱼刺图分析； 3.诊断流程图设计； 4.诊断与排除实践	4S店	跟班作业	10
3-5-2电动转向系统故障灯常亮的故障诊断与排除	1.能够独立排除电动转向系统故障； 2.能够表述电动转向系统故障的排除方案； 3.能够进行该项目的教学设计	1.原理分析； 2.鱼刺图分析； 3.诊断流程图设计； 4.诊断与排除实践	4S店	跟班作业	3
3-5-3电子转向系统检查与标定	1.能够独立完成电子转向系统检查与标定； 2.能够表述电子转向系统检查与标定步骤； 3.能够进行该项目的教学设计	1.电子转向系统检查； 2.电子转向系统标定	4S店	跟班作业	2
3-5-4 ABS故障灯常亮的故障诊断与排除	1.能够独立排除ABS故障灯常亮故障； 2.能够表述ABS故障灯常亮故障的排除方案； 3.能够进行该项目的教学设计	1.原理分析； 2.鱼刺图分析； 3.诊断流程图设计； 4.诊断与排除实践	4S店	跟班作业	6

续表 6-13

培训任务	培训目标	训练内容	培训地点	培训形式	培训时量/天
3-5-5 电子手刹工作异常故障诊断与排除	1.能够独立排除电子手刹工作异常故障； 2.能够表述电子手刹工作异常故障的排除方案； 3.能够进行该项目的教学设计	1.原理分析； 2.鱼刺图分析； 3.诊断流程图设计； 4.诊断与排除实践	4S店	跟班作业	3
3-5-6 电控悬架工作异常故障诊断与排除	1.能够独立排除电控悬架工作异常故障； 2.能够表述电控悬架工作异常故障的排除方案； 3.能够进行该项目的教学设计	1.原理分析； 2.鱼刺图分析； 3.诊断流程图设计； 4.诊断与排除实践	4S店	跟班作业	3
3-5-7 胎压监测系统故障诊断与排除	1.能够独立排除胎压监测系统工作异常故障； 2.能够表述胎压监测系统故障的排除方案； 3.能够进行该项目的教学设计	1.原理分析； 2.鱼刺图分析； 3.诊断流程图设计； 4.诊断与排除实践	4S店	跟班作业	3

考核方式：项目综合考核

预期成果	考核评价要求
实践总结报告	针对本次实践任务梳理操作流程，记录技术要领，整理教学资源，总结心得体会

(6)项目 3-6：电气系统故障诊断作业。

本项目培训内容主要包括空调鼓风机不工作故障诊断与排除、空调压缩机不工作的故障诊断与排除、前照灯不亮的故障诊断与排除、喇叭工作异常故障诊断与排除、电动车窗不工作的故障诊断与排除等，具体培训任务及要求见表 6-14。

表 6-14　电气系统故障诊断作业培训任务及培训要求一览表

项目 3-6：电气系统故障诊断作业

任务描述：通过学习与实践，掌握汽车电气系统故障诊断方法，能排除汽车电气系统故障，收集教学资源，整理教学案例。

培训时量：30 天

培训任务	培训目标	训练内容	培训地点	培训形式	培训时量/天
3-6-1 空调鼓风机不工作故障诊断与排除	1. 能够独立排除空调鼓风机不工作故障； 2. 能够表述空调鼓风机不工作故障的排除方案； 3. 能够进行该项目的教学设计	1. 原理分析； 2. 鱼刺图分析； 3. 诊断流程图设计； 4. 诊断与排除实践	4S 店	跟班作业	3
3-6-2 空调压缩机不工作的故障诊断与排除	1. 能够独立排除空调压缩机不工作故障； 2. 能够表述空调压缩机不工作故障的排除方案； 3. 能够进行该项目的教学设计	1. 原理分析； 2. 鱼刺图分析； 3. 诊断流程图设计； 4. 诊断与排除实践	4S 店	跟班作业	3
3-6-3 前照灯不亮的故障诊断与排除	1. 能够独立排除前照灯不亮故障； 2. 能够表述前照灯不亮故障的排除方案； 3. 能够进行该项目的教学设计	1. 原理分析； 2. 鱼刺图分析； 3. 诊断流程图设计； 4. 诊断与排除实践	4S 店	跟班作业	3
3-6-4 喇叭工作异常故障诊断与排除	1. 能够独立排除喇叭工作异常故障； 2. 能够表述喇叭工作异常故障的排除方案； 3. 能够进行该项目的教学设计	1. 原理分析； 2. 鱼刺图分析； 3. 诊断流程图设计； 4. 诊断与排除实践	4S 店	跟班作业	3

续表 6-14

培训任务	培训目标	训练内容	培训地点	培训形式	培训时量/天
3-6-5 电动车窗不工作的故障诊断与排除	1.能够独立排除电动车窗不工作故障； 2.能够表述电动车窗不工作故障的排除方案； 3.能够进行该项目的教学设计	1.原理分析； 2.鱼刺图分析； 3.诊断流程图设计； 4.诊断与排除实践	4S店	跟班作业	3
3-6-6 后视镜工作异常故障诊断与排除	1.能够独立排除后视镜工作异常故障； 2.能够表述后视镜工作异常故障的排除方案； 3.能够进行该项目的教学设计	1.原理分析； 2.鱼刺图分析； 3.诊断流程图设计； 4.诊断与排除实践	4S店	跟班作业	3
3-6-7 中控门锁不工作故障诊断与排除	1.能够独立排除中控门锁不工作故障； 2.能够表述中控门锁不工作故障的排除方案； 3.能够进行该项目的教学设计	1.原理分析； 2.鱼刺图分析； 3.诊断流程图设计； 4.诊断与排除实践	4S店	跟班作业	3
3-6-8 行车辅助系统故障诊断与排除	1.能够独立排除行车辅助系统故障； 2.能够表述行车辅助系统故障的排除方案； 3.能够进行该项目的教学设计	1.原理分析； 2.鱼刺图分析； 3.诊断流程图设计； 4.诊断与排除实践	4S店	跟班作业	3
3-6-9 娱乐系统故障诊断与排除	1.能够独立排除娱乐系统故障； 2.能够表述娱乐系统故障的排除方案； 3.能够进行该项目的教学设计	1.原理分析； 2.鱼刺图分析； 3.诊断流程图设计； 4.诊断与排除实践	4S店	跟班作业	3

续表6-14

培训任务	培训目标	训练内容	培训地点	培训形式	培训时量/天
3-6-10 雨刮系统不工作故障诊断与排除	1. 能够独立排除雨刮系统不工作故障； 2. 能够表述雨刮系统不工作故障的排除方案； 3. 能够进行该项目的教学设计	1. 原理分析； 2. 鱼刺图分析； 3. 诊断流程图设计； 4. 诊断与排除实践	4S店	跟班作业	3

考核方式：项目综合考核

预期成果	考核评价要求
实践总结报告	针对本次实践任务梳理操作流程，记录技术要领，整理教学资源，总结心得体会

（7）项目3-7：车身修复作业

本项目培训内容主要包括车身凹陷外形修复（钣金）、车身凹陷外观修复（喷涂）、车身覆盖件的拆装与合位等，具体培训任务及要求见表6-15。

表6-15　车身修复作业培训任务及培训要求一览表

项目3-7：车身修复作业

任务描述：通过学习与实践，掌握车身凹陷外形修复与外观修复能力，具备车身覆盖件的拆装与合位技能，收集教学资源，整理教学案例。

培训时量：30天

培训任务	培训目标	训练内容	培训地点	培训形式	培训时量/天
3-7-1 车身凹陷外形修复（钣金）	1. 能够独立完成车身凹陷外形修复； 2. 能够表述车身凹陷外形修复的操作步骤和要领； 3. 能够进行该项目的教学设计	1. 工具与量具的使用； 2. 卸力与打磨； 3. 修复作业	4S店	跟班作业	10

续表 6-15

培训任务	培训目标	训练内容	培训地点	培训形式	培训时量/天
3-7-2 车身凹陷外观修复（喷涂）	1.能够独立完成车身凹陷外观修复； 2.能够表述车身凹陷外观修复的操作步骤和要领； 3.能够进行该项目的教学设计	1.前处理作业； 2.打磨与底漆作业； 3.中涂底漆作业； 4.调色与喷涂	4S 店	跟班作业	10
3-7-3 车身覆盖件的拆装与合位	1.能够独立完成车身覆盖件的拆装与合位； 2.能够表述车身覆盖件拆装与合位的操作步骤和要领； 3.能够进行该项目的教学设计	1.查询维修手册； 2.按照规范进行拆卸与装配； 3.装配后效果检查	4S 店	跟班作业	10

考核方式：项目综合考核

预期成果	考核评价要求
实践总结报告	针对本次实践任务梳理操作流程，记录技术要领，整理教学资源，总结心得体会

（8）项目 3-8：新能源汽车保养作业。

本项目培训内容主要包括电动汽车维护与保养准备、电动汽车新车交付检查、电动汽车充电系统维护与保养、电动汽车动力蓄电池系统维护、电动汽车冷却系统维护与保养等，具体培训任务及要求见表 6-16。

表 6-16　新能源汽车保养作业培训任务及培训要求一览表

项目 3-8：新能源汽车保养作业
任务描述：通过学习与实践，掌握新能源汽车保养流程，具备新能源汽车保养技能，收集教学资源，整理教学案例
培训时量：10 天

续表 6-16

培训任务	培训目标	训练内容	培训地点	培训形式	培训时量/天
3-8-1电动汽车维护与保养准备	1. 能够完成电动汽车维护与保养准备作业； 2. 能够表述电动汽车维护与保养准备操作步骤； 3. 能够进行该项目的教学设计	1. 维修保养项目的确定； 2. 电动汽车车辆作业前场地准备； 3. 电动汽车维护保养工具使用	4S店	跟班作业	1
3-8-2电动汽车新车交付检查	1. 能够完成电动汽车新车交付检查作业； 2. 能够表述电动汽车新车交付检查操作步骤； 3. 能够进行该项目的教学设计	1. 车辆整体检查； 2. 车辆前部检查； 3. 车辆左侧检查； 4. 车辆后部检查； 5. 车辆右侧检查； 6 车辆内饰及操作功能检查； 7. 车辆前机舱检查	4S店	跟班作业	1
3-8-3电动汽车充电系统维护与保养	1. 能够完成电动汽车充电系统维护与保养作业； 2. 能够表述电动汽车充电系统维护与保养操作步骤； 3. 能够进行该项目的教学设计	1. 车载充电机上指示灯的含义； 2. 车载充电机的工作状态； 3. 目测与外观检查； 4. 识别仪表充电指示灯	4S店	跟班作业	1
3-8-4电动汽车动力蓄电池系统维护	1. 能够完成电动汽车动力蓄电池系统维护作业； 2. 能够表述电动汽车动力蓄电池系统维护操作步骤； 3. 能够进行该项目的教学设计	1. 动力蓄电池的拆卸与安装及外观检查； 2. 单体蓄电池、模组电压的测量； 3. 电池控制盒内预充电阻阻值测量	4S店	跟班作业	1

续表6-16

培训任务	培训目标	训练内容	培训地点	培训形式	培训时量/天
3-8-5 电动汽车冷却系统维护与保养	1. 能够完成电动汽车冷却系统维护与保养作业； 2. 能够表述电动汽车冷却系统维护与保养操作步骤； 3. 能够进行该项目的教学设计	1. 冰点检测仪的使用； 2. 泄漏检查； 3. 冷却液液位检查	4S店	跟班作业	1
3-8-6 电动汽车底盘维护与保养	1. 能够完成电动汽车底盘维护与保养作业； 2. 能够表述电动汽车底盘维护与保养操作步骤； 3. 能够进行该项目的教学设计	1. 万向节防护套的检查与保养； 2. 电池及驱动电机的外观检查； 3. 车厢底部检查； 4. 电机、减速器及前悬架检查； 5. 悬架支架与车身连接检查	4S店	跟班作业	1
3-8-7 电动汽车制动系统维护与保养	1. 能够完成电动汽车制动系统维护与保养作业； 2. 能够表述电动汽车制动系统维护与保养操作步骤； 3. 能够进行该项目的教学设计	1. 制动液液位、管路检查； 2. 轮胎检查； 3. 制动盘检查； 4. 驻车制动器的调整； 5. 制动踏板自由行程检查	4S店	跟班作业	1
3-8-8 电动助力转向系统维护与保养	1. 能够完成电动助力转向系统维护与保养作业； 2. 能够表述电动助力转向系统维护与保养操作步骤； 3. 能够进行该项目的教学设计	1. 转向盘自由行程检查； 2. 转向盘松旷、锁上装置、自动回位检查； 3. 转向横拉杆球头检查； 4. 转向助力功能检查	4S店	跟班作业	1

续表6-16

培训任务	培训目标	训练内容	培训地点	培训形式	培训时量/天
3-8-9电动汽车车身电器设备维护	1. 能够完成电动汽车车身电器设备维护作业； 2. 能够表述电动汽车车身电器设备维护操作步骤； 3. 能够进行该项目的教学设计	1. 灯光检查手势及灯光检查； 2. 电动天窗检查； 3. 机舱线束及插件状态检查； 4. 辅助蓄电池固定检查； 5. 辅助蓄电池放电电流检查	4S店	跟班作业	1
3-8-10电动汽车空调系统维护与保养	1. 能够完成电动汽车空调系统维护与保养作业； 2. 能够表述电动汽车空调系统维护与保养操作步骤； 3. 能够进行该项目的教学设计	1. 各模式下空调工作情况检查； 2. 空调PTC工作情况检查； 3. 空调管路、线束及压缩机工作情况检查； 4. 空调滤芯的更换	4S店	跟班作业	1

考核方式：项目综合考核

预期成果	考核评价要求
实践总结报告	针对本次实践任务梳理操作流程，记录技术要领，整理教学资源，总结心得体会

(9)项目3-9：新能源汽车检修作业。

本项目培训内容主要包括电动汽车基本结构识别、电机的结构及拆装、电动汽车高压断电操作流程、高压控制盒的更换流程、车载充电系统部件的更换流程等，具体培训任务及要求见表6-17。

表6-17　新能源汽车检修作业培训任务及培训要求一览表

项目3-9：新能源汽车检修作业

任务描述：通过学习与实践，掌握新能源汽车结构、部件拆装及更换流程，具备新能源汽车检修的基本技能，收集教学资源，整理教学案例

培训时量：10天

续表 6-17

培训任务	培训目标	训练内容	培训地点	培训形式	培训时量/天
3-9-1 电动汽车基本结构识别	1.能够识别电动汽车结构组成；2.能够表述电动汽车基本功能操作；3.能够进行该项目的教学设计	1.电动汽车特点；2.电动汽车结构组成及功能；3.电动汽车基本功能的操作	4S店	跟班作业	4
3-9-2 电机的结构及拆装	1.能够识别电动汽车电机的类型及结构；2.能够表述电机拆装的操作流程；3.能够进行该项目的教学设计	1.电机的类型及特点；2.电机组成及功能；3.电机拆装的操作流程	4S店	跟班作业	1
3-9-3 电动汽车高压断电操作流程	1.能够识别电动汽车电池的类型及结构；2.能够表述高压断电操作流程；3.能够进行该项目的教学设计	1.电池的类型及特点；2.电池的规格参数；3.高压断电的操作流程	4S店	跟班作业	1
3-9-4 高压控制盒的更换流程	1.能够识别高压控制盒的类型及结构；2.能够表述高压控制盒的操作流程；3.能够进行该项目的教学设计	1.高压控制盒的类型及特点；2.高压控制盒组成及功能；3.高压控制盒拆装的操作流程	4S店	跟班作业	1
3-9-5 车载充电系统部件的更换流程	1.能够识别车载充电系统的类型及结构；2.能够表述车载充电系统部件的操作流程；3.能够进行该项目的教学设计	1.车载充电系统的类型及特点；2.车载充电系统组成及功能；3.车载充电系统部件拆装的操作流程	4S店	跟班作业	1

续表6-17

培训任务	培训目标	训练内容	培训地点	培训形式	培训时量/天
3-9-6 DC/DC 变换器的更换流程	1. 能够识别 DC/DC 变换器的类型及结构； 2. 能够表述 DC/DC 变换器的操作流程； 3. 能够进行该项目的教学设计	1. DC/DC 变换器的类型及特点； 2. DC/DC 变换器组成及功能； 3. DC/DC 变换器拆装的操作流程	4S 店	跟班作业	1
3-9-7 电动汽车高压部件绝缘检测	1. 能够识别高压部件； 2. 能够表述高压部件绝缘检测的操作流程； 3. 能够进行该项目的教学设计	1. 高压部件绝缘检测的目的和要求； 2. 高压部件绝缘检测的方法； 3. 高压部件绝缘检测的操作流程	4S 店	跟班作业	1

考核方式：项目综合考核

预期成果	考核评价要求
实践总结报告	针对本次实践任务梳理操作流程，记录技术要领，整理教学资源，总结心得体会

（10）项目3-10：新能源汽车诊断作业。

本项目培训内容主要包括慢充充电正常但无充电连接指示灯故障诊断、快充桩与车辆无法通信故障诊断、车辆 SOC 为零提示尽快充电故障诊断、车辆无法行驶且 READY 灯熄灭故障诊断等，具体培训任务及要求见表6-18。

表6-18　新能源汽车诊断作业培训任务及培训要求一览表

项目3-10：新能源汽车诊断作业
任务描述：通过学习与实践，掌握新能源汽车充电系统、电机过热等故障的检修，具备新能源汽车故障诊断与维修的基本技能，收集教学资源，整理教学案例
培训时量：10 天

续表 6-18

培训任务	培训目标	训练内容	培训地点	培训形式	培训时量/天
3-10-1 慢充充电正常但无充电连接指示灯故障诊断	1. 能够独立排除慢充充电系统工作异常故障； 2. 能够表述慢充充电系统工作异常故障的排除方案； 3. 能够进行该项目的教学设计	1. 原理分析； 2. 鱼刺图分析； 3. 诊断流程图设计； 4. 诊断与排除实践	4S店	跟班作业	1
3-10-2 快充桩与车辆无法通信故障诊断	1. 能够独立排除快充桩充电系统工作异常故障； 2. 能够表述快充桩充电系统工作异常故障的排除方案； 3. 能够进行该项目的教学设计	1. 原理分析； 2. 鱼刺图分析； 3. 诊断流程图设计； 4. 诊断与排除实践	4S店	跟班作业	2
3-10-3 车辆SOC为零提示尽快充电故障诊断	1. 能够独立排除充电系统工作异常故障； 2. 能够表述充电系统工作异常故障的排除方案； 3. 能够进行该项目的教学设计	1. 原理分析； 2. 鱼刺图分析； 3. 诊断流程图设计； 4. 诊断与排除实践	4S店	跟班作业	1
3-10-4 车辆无法行驶且READY灯熄灭故障诊断	1. 能够独立排除车辆无法行驶故障； 2. 能够表述车辆无法行驶故障的排除方案； 3. 能够进行该项目的教学设计	1. 原理分析； 2. 鱼刺图分析； 3. 诊断流程图设计； 4. 诊断与排除实践	4S店	跟班作业	2
3-10-5 电机控制器过热故障诊断	1. 能够独立排除电机控制器过热故障； 2. 能够表述电机控制器过热故障的排除方案； 3. 能够进行该项目的教学设计	1. 原理分析； 2. 鱼刺图分析； 3. 诊断流程图设计； 4. 诊断与排除实践	4S店	跟班作业	2

续表6-18

培训任务	培训目标	训练内容	培训地点	培训形式	培训时量/天
3-10-6 电机过热故障诊断	1.能够独立排除电机过热故障； 2.能够表述电机过热故障的排除方案； 3.能够进行该项目的教学设计	1.原理分析； 2.鱼刺图分析； 3.诊断流程图设计； 4.诊断与排除实践	4S店	跟班作业	2

考核方式：项目综合考核

预期成果	考核评价要求
实践总结报告	针对本次实践任务梳理操作流程，记录技术要领，整理教学资源，总结心得体会

模块四：专业教学能力

本模块主要包括汽车维修行业典型工作任务分析、将工作任务转化为教学内容及教学资源收集与开发方面的内容。

(1)项目4-1：市场调研。

本项目培训内容主要包括汽车检测维修类专业调研方案的制订、汽车检测维修类专业调研的实施、汽车检测维修类专业调研数据的分析与报告的撰写等，具体培训任务及要求见表6-19。

表6-19 市场调研培训任务及培训要求一览表

项目4-1：市场调研

任务描述：通过学习与实践，掌握专业调研方案的制订、汽车检测维修类专业调研的实施、汽车检测维修类专业调研数据的分析与报告的撰写，具备制订人才培养方案的能力

培训时量：8天

培训任务	培训目标	训练内容	培训地点	培训形式	培训时量/天
4-1-1汽车检测维修类专业调研方案的制订	1.能确定调研的目的； 2.能独立撰写调研方案	1.调研的目的及要求； 2.调研方案的制订； 3.调研问卷的设计与制作	4S店	集中讲解，分组实施	2

续表 6-19

培训任务	培训目标	训练内容	培训地点	培训形式	培训时量/天
4-1-2 汽车检测维修类专业调研的实施	1. 能确定调研的目标； 2. 能完成调研任务	1. 调研的方式和方法； 2. 调研的实施过程	4S 店	集中讲解，分组实施	4
4-1-3 汽车检测维修类专业调研数据的分析与报告的撰写	1. 能进行调研数据的分析； 2. 能完成调研报告的撰写	1. 调研报告撰写的要求； 2. 调研报告的撰写	4S 店	集中讲解，分组实施	2

考核方式：项目综合考核

预期成果	考核评价要求
调研报告	通过调研数据的分析，撰写调研报告。
汇报 PPT	通过调研，能对专业课程建设提出建议和意见。

(2)项目 4-2：分析典型工作任务。

本项目培训内容主要包括汽车行业岗位能力需求分析方法、汽车行业实践专家访谈会的组织、汽车检测维修类专业典型工作任务的分析等，具体培训内容及方式见表 6-20。

表 6-20　分析典型工作任务培训任务及培训要求一览表

项目 4-2：分析典型工作任务

任务描述：通过学习与实践，能梳理出汽车检测维修类专业典型工作任务，能进行技能、知识、素养目标的提炼，具备课程标准制订的能力

培训时量：8 天

培训任务	培训目标	训练内容	培训地点	培训形式	培训时量/天
4-2-1 汽车行业岗位能力需求分析方法	1. 能了解汽车行业岗位的能力需求； 2. 能掌握一定的需求分析方法	1. 汽车行业的职业岗位； 2. 国家教学标准解读； 3. 需求分析方法	4S 店	集中讲解，分组实施	2

续表 6-20

培训任务	培训目标	训练内容	培训地点	培训形式	培训时量/天
4-2-2汽车行业实践专家访谈会的组织	1.能了解汽车行业岗位的需求； 2.能掌握岗位对知识和技能及素养的要求	1.专家访谈； 2.撰写访谈记录	4S店	集中讲解，分组实施	3
4-2-3汽车检测维修类专业典型工作任务的分析	1.能了解汽车专业典型工作任务； 2.能掌握典型任务与课程的教学内容的匹配	1.撰写分析报告； 2.制订课程标准	4S店	集中讲解，分组实施	3

考核方式：项目综合考核

预期成果	考核评价要求
分析报告	通过调研数据的分析，撰写调研报告
课程标准	通过调研，能对专业某一课程制订课程标准

（3）项目4-3：开发课程体系。

本项目培训内容主要包括汽车检测维修类专业核心课程培养目标的分析、汽车检测维修类专业核心课程标准与内容的确定、汽车检测维修类专业课程实践教学标准与内容的确定和汽车检测维修类专业课程体系的研制等，具体培训任务及要求见表6-21。

表 6-21　开发课程体系培训任务及培训要求一览表

项目4-3：开发课程体系

任务描述：通过学习与实践，掌握课程体系开发的方法和流程，具备开发汽车检测维修类专业课程体系的能力

培训时量：8天

续表 6-21

培训任务	培训目标	训练内容	培训地点	培训形式	培训时量/天
4-3-1 汽车检测维修类专业核心课程培养目标的分析	1. 通过企业调研，确定专业核心课程； 2. 通过企业调研，掌握专业核心课的培养目标； 3. 能够根据调研结果，对专业核心课程的培养目标进行分析； 4. 能够撰写分析报告	1. 企业调研； 2. 专业核心课程的确定； 3. 专业核心课程培养目标的分析与确定； 4. 撰写分析报告	4S店/会议室	跟班作业/集中研讨	2
4-3-2 汽车检测维修类专业核心课程标准与内容的确定	1. 通过企业调研，确定专业核心课程标准； 2. 通过企业调研，确定专业核心课的内容； 3. 能够制订课程标准	1. 企业调研； 2. 专业核心课程标准的确定； 3. 专业核心课程内容的确定； 4. 制订课程标准	4S店/会议室	跟班作业/集中研讨	2
4-3-3 汽车检测维修类专业课程实践教学标准与内容的确定	1. 通过企业调研，确定专业核心课程实践标准； 2. 通过企业调研，确定专业核心课程实践的内容； 3. 能够制订课程实践标准	1. 企业调研； 2. 专业核心课程实践标准的确定； 3. 专业核心课程实践内容的确定； 4. 制订课程实践标准	4S店/会议室	跟班作业/集中研讨	2
4-3-4 汽车检测维修类专业课程体系的研制	1. 通过企业调研，确定专业课程体系的内容； 2. 能够制订专业课程体系	1. 专业课程体系内容的确定； 2. 制订专业课程体系	4S店/会议室	跟班作业/集中研讨	2

考核方式：项目综合考核

预期成果	考核评价要求
调研工具	企业调研表和调研报告、分析表和分析报告、课程标准与课程体系等
考核标准	通过培训与考核，能制订专业课程体进程表，专业核心课程界定正确，课程名称要求规范，与国标保持一致；课程数量合理，6~8门；课时数安排合理

(4)项目4-4：收集与开发教学资源。

本项目培训内容主要包括汽车检测维修类专业实践教学教案、教材、指导手册开发、汽车检测维修类专业资源的收集与分类、汽车检测维修类专业工作化过程教学案例开发以及汽车检测维修类专业信息化教学资源开发等，具体培训任务及要求见表6-22。

表6-22　收集与开发教学资源培训任务及培训要求一览表

项目4-4：收集与开发教学资源

任务描述：通过学习与实践，掌握汽车检测维修类专业实践教案、教材和指导手册的开发方法和流程，具备开发汽车检测维修类专业信息化教学资源的能力

培训时量：8天

培训任务	培训目标	训练内容	培训地点	培训形式	培训时量/天
4-4-1汽车检测维修类专业实践教学教案、教材、指导手册开发	1.能够制订汽车检测维修类专业实践教学教案； 2.能够制订汽车检测维修类专业实践教学教材； 3.能够开发汽车检测维修类专业实践教学指导手册	1.汽车检测维修类专业实践教学教案的编写； 2.汽车检测维修类专业实践教学教材的编写； 3.汽车检测维修类专业实践教学指导手册的开发	4S店/会议室	跟班作业/集中研讨	2
4-4-2汽车检测维修类专业资源的收集与分类	1.能够对汽车类专业资源进行分类； 2.能够对汽车类专业资源进行收集	1.汽车检测维修类专业资源的分类； 2.汽车检测维修类专业资源的收集	4S店/会议室	跟班作业/集中研讨	2
4-4-3汽车检测维修类专业工作化过程教学案例开发	1.能够掌握汽车类专业工作化的标准流程； 2.能够开发汽车类专业工作化过程教学案例	1.汽车检测维修类专业工作化的标准流程； 2.汽车检测维修类专业工作化过程教学案例的开发	4S店/会议室	跟班作业/集中研讨	2
4-4-4汽车检测维修类专业信息化教学资源开发	1.能够掌握汽车检测维修类专业信息化教学资源的内容； 2.能够开发专业信息化教学资源	1.汽车检测维修类专业信息化教学资源的内容； 2.汽车检测维修类专业信息化教学资源的开发	4S店/会议室	跟班作业/集中研讨	2

考核方式：项目综合考核

续表 6-22

预期成果	考核评价要求
教学资源	教案、教材、指导手册以及信息化教学资源等

模块五：专业发展能力

本模块主要包括汽车专业实用新型专利的开发、汽车改装研究与实践、汽车维修技术培训、汽车维修关键岗位技术标准开发、车联网技术以及智能驾驶技术方面的内容。

（1）项目 5-1：应用技术研究。

本项目培训内容主要包括汽车专业实用新型专利的开发、汽车改装研究与实践、汽车维修技术培训以及汽车维修关键岗位技术标准开发等，具体培训任务及要求见表 6-23。

表 6-23　应用技术研究项目培训任务及要求一览表

项目 5-1：应用技术研究

任务描述：通过学习与实践，掌握汽车专业实用新型专利的开发方法与流程、汽车改装的研究与实践、汽车维修技术培训的实施以及汽车维修关键岗位技术标准的开发

培训时量：20 天

培训任务	培训目标	训练内容	培训地点	培训形式	培训时量/天
5-1-1 汽车专业实用新型专利的开发	1. 掌握汽车专业实用新型专利的内容与要求； 2. 能够完成汽车专业实用新型专利的开发	1. 汽车专业实用新型专利的内容与要求； 2. 汽车专业实用新型专利开发的方法与流程	4S店/会议室	跟班作业/集中研讨	5
5-1-2 汽车改装研究与实践	1. 掌握汽车改装的内容； 2. 能够对汽车改装进行研究并应用到教学当中	1. 汽车改装内容的研讨； 2. 汽车改装的研究与实践	4S店/会议室	跟班作业/集中研讨	5

续表 6-23

培训任务	培训目标	训练内容	培训地点	培训形式	培训时量/天
5-1-3 汽车维修技术培训	1. 掌握汽车维修技术培训的要点与要求； 2. 具备完成汽车维修技术培训的能力	1. 汽车维修技术培训的要点与要求； 2. 汽车维修技术培训能力的培养与提升	4S店/会议室	跟班作业/集中研讨	5
5-1-4 汽车维修关键岗位技术标准开发	1. 掌握汽车维修关键岗位的工作内容与工作流程； 2. 具备开发汽车维修关键岗位技术标准的能力	1. 汽车维修关键岗位的工作内容与工作流程； 2. 汽车维修关键岗位技术标准的开发	4S店/会议室	跟班作业/集中研讨	5

考核方式：项目综合考核

预期成果	考核评价要求
文档资料	通过培训与考核，能书写实用新型发明专利技术交底书；掌握汽车维修技术培训的基本流程与内容；能开发汽车维修关键技术标准

（2）项目 5-2：岗位新技术。

本项目培训内容主要包括车联网技术以及智能驾驶技术等，具体培训任务及要求见表 6-24。

表 6-24 岗位新技术培训任务及培训要求一览表

项目 5-2：岗位新技术

任务描述：通过学习与实践，掌握车联网技术和智能驾驶技术的基础知识，了解车联网和智能驾驶的核心技术和关键信息

培训时量：10 天

培训任务	培训目标	训练内容	培训地点	培训形式	培训时量/天
5-2-1 车联网技术领域信息收集分析	1. 掌握车联网技术的基础知识； 2. 了解车联网的核心技术和关键信息	1. 车联网技术的概述； 2. 车联网的核心技术和关键信息	4S店/会议室	跟班作业/集中研讨	5

续表 6-24

培训任务	培训目标	训练内容	培训地点	培训形式	培训时量/天
5-2-2智能驾驶技术领域信息收集分析	1.掌握智能驾驶技术的基础知识； 2.了解智能驾驶的核心技术和关键信息	1.智能驾驶技术的概述； 2.智能驾驶的核心技术和关键信息	4S店/会议室	跟班作业/集中研讨	5

考核方式：项目综合考核

预期成果	考核评价要求
标准工单	企业作业记录表、学习工单和操作工单等

七、培训形式与组织实施

(一)培训形式

教师企业实践的形式包括去汽车制造厂、汽车销售服务有限公司、汽车品牌4S店、汽车品牌连锁店以及汽车相关配套企业进行考察观摩、企业调研、接受企业组织的技能培训、在企业的生产和管理岗位兼职或任职、参与企业产品研发和技术创新等。职业院校应与培训企业共同商定,将组织教师企业实践与学生实习有机结合、有效对接,安排教师有计划、有针对性地进行企业实践,同时协助企业管理、指导学生实习。教师企业实践的形式可不相同,鼓励各职业院校探索教师企业实践的多种实现形式。

(二)培训实施方案

教师可根据自己任教课程和专业发展需求进行培训项目的选择,按照5年6个月的要求进行模块任务的组合训练,以下五种方案可供参考(表7-1)。在选择的时候要注意以下事项:

(1)职业素养模块为必修模块,共10天。

(2)岗位基本能力模块共28天,但要求必须在第1年就全部完成。

(3)岗位核心能力模块共设置了10个项目,大项目周期为30天,小项目周期为10天。其中项目3-8新能源汽车保养作业、项目3-9新能源汽车检修作业、项目3-10新能源汽车诊断作业要求培训学员必须具备低压电工证方可选择。

(4)专业教学能力模块共32天,分为4个项目,修满即可。如学员选择5年完成所有实践项目,前4年每年选择了该模块中的1个项目,第5年就不需要再重新选择学习。本模块可以自由选择培训地点,可以在家也可以去4S店或学校。

(5)专业发展能力模块共30天,分为2个项目6个小任务,可以分散学习。

表 7-1 培训实施方案

模块名称	可选方案				
	方案一 （1年完成）	方案二 （2年完成）	方案三 （3年完成）	方案四 （4年完成）	方案五 （5年完成）
1.职业素养 （必选）（共10天）	完成10天	每年5天	第1年10天	第1年10天	每年2天
2.岗位基本能力 （必选）（共28天）	第1年必须全部完成				
3.岗位核心能力 （可选）（10个 项目共200天）	1.完成3个大项目共90天； 2.选择大项目+小项目组合天数需达到90天	1.第1年完成1个大项目+1个小项目共40天； 2.第2年完成1个大项目+2个小项目共50天	每年完成1个大项目或者3个小项目共30天	1.第2年完成1个大项目或者3个小项目共30天； 2.第3年完成1个小项目共30天； 3.第4年完成1个大项目共30天	1.第1年完成1个小项目共10天； 2.第2年完成1个大项目共30天； 3.第3年完成1个小项目共10天； 4.第4年完成1个大项目共30天； 5.第5年完成1个小项目共10天
4.专业教学能力 （必选）（4个 项目32天）	1年全部完成32天	每年完成其中2个项目共16天	1.第1年完成1个项目共8天； 2.第2年完成1个项目共8天； 3.第3年完成2个项目共16天	每年完成其中1个项目共8天	第2~5年每年完成其中1个项目共8天
5.专业发展能力 （必选）（6个 小任务共30天）	1年全部完成30天	每年完成其中3个任务共15天	每年完成其中2个任务共10天	1.第1年完成2个任务共10天； 2.第2年完成2个任务共10天； 3.第4年完成2个任务共10天	1.第1年完成2个任务共10天； 2.第2~5年每年完成其中1个任务共5天
天数	190天	第1年104天； 第2年86天	第1年86天； 第2年48天； 第3年56天	第1年56天； 第2年48天； 第3年38天； 第4年48天	第1年50天； 第2年45天； 第3年25天； 第4年45天； 第5年25天

（三）组织实施

（1）培训时间要求：汽车检测维修类专业教师（含实习指导教师）要根据专业特点每5年必须累计不少于6个月到企业或生产服务一线实践，没有企业工作经历的新任教师应先实践再上岗。公共基础课教师也应定期到企业进行考察、调研和学习。

（2）培训任务要求：教师应在5年时间内，完成本书规定的6个月实践的培训任务，教师可以根据学校和个人实际情况，安排每次实践的时间和选择培训的项目。职业院校要会同企业结合教师专业水平制订企业实践方案，根据教师教学实践和教研科研需要，确定不同年资教师企业实践的重点内容，解决教学和科研中的实际问题。

（3）培训效果要求：教师企业实践结束后，学校应会同企业共同对教师的实践情况进行考核评价。教师应及时对企业实践情况进行总结，把企业实践收获转化为教学资源和教学能力，推动教育教学改革与产业转型升级衔接配套。

▶ 八、培训考核与评价

职业院校专业教师企业实践的考核根据培训的项目和任务进行，教师可以根据每年进行企业实践的时间选择模块组合，考核根据选择的实践项目和任务情况进行。

（一）过程考核

过程考核按培训项目进行，包括职业素养、岗位基本能力、岗位核心能力、专业教学能力、专业发展能力模块。其中：职业素养、专业教学能力、专业发展能力模块的考核，以抽考的方式在每个模块的训练项目中进行选取考核；岗位基本能力、岗位核心能力模块采用在各个项目的培训任务中以抽考的方式进行考核，每个模块抽考一个任务。考核评价标准应符合各个项目培训和任务培训的要求，考核评价应依据考核评分标准执行。

（二）结业考核

结业考核重点考察学员将企业实践能力转化为教学能力的情况。学员可自选一门课程或一个教学单元，吸纳企业实践中所学习的知识和技能，按照成果导向或工作过程系统化理念，优化课程整体设计和单元设计，重点完成一个项目或一次课的教学设计，并准备完成本项目或课程教学需要的教学资源，结业考核要求与评价标准见附录三。

（三）考核成绩确定

考核总成绩按百分制评定。考核总成绩由过程考核成绩与结业考核成绩两部分构成。其中，过程考核成绩占总成绩的60%，结业考核成绩占总成绩的40%。各个考核成绩按照评分标准进行评分，过程考核及结业考核成绩均合格，方能认定考核成绩合格。具体考核要求见附录一、附录三。

学员在培训期间，出现严重违纪及安全责任事故等情况，考核总成绩为不合格。

九、培训条件与保障

(一)培训组织保障

(1)成立职业院校专业教师企业实践培训与考核工作领导小组,以培训基地院校的院(校)长为组长,主管培训和后勤的副院(校)长为副组长,相关职能部门和二级学院(系部)负责人为成员。

(2)明确培训工作管理机构,配备培训教学专职管理人员和班主任,负责全程管理培训教学和培训学员的生活。

(3)制订培训计划管理、培训过程管理、培训质量管理、培训师资管理、考核组织管理、培训成绩管理、培训档案管理、学员生活管理等管理制度,并严格执行。

(二)教学条件保障

1.职业素养模块

(1)培训师资要求。

1)能力要求。

A.具备职业素养培训的能力;

B.具备良好的语言沟通和表达能力;

C.具备良好的肢体表达能力和展示能力。

2)资质要求。

A.具备职业素养相关的培训师资质;

B.具备内训师以上并通过企业认证考核的培训师资质,如总经理、行政经理、服务总监、内训师。

(2)设施设备要求。

1)培训场地干净整洁。

2)配备足够的培训桌椅及多媒体设备。

3)培训场地面积充足,至少包含理论培训区与演示区。

4)配备足够的培训用品及相关道具。

(3)合作企业要求。

1)具备企业员工培训资质。

2)通过汽车厂家认证的正规 4S 店或汽车公司。

3)具备至少 2 名正规的内训师及通过厂家认证考核的培训师。

4)配备足够培训桌椅和培训用品的会议室或者培训室。

2. 岗位基本能力模块

(1)培训师资要求。

1)能力要求。

A.具备汽车维修基本技能培训的能力;

B.具备良好的语言沟通和表达能力;

C.具备良好的肢体表达能力和展示能力;

D.具备熟练的操作技巧和实践维修能力。

2)资质要求。

A.具备汽车维修内训师以上的培训师资质;

B.具备汽车维修技师以上的职业等级资质;

C.具备厂家认证的中级维修技师以上的技能资质。

(2)设施设备要求。

1)具备 8 个以上举升机工位。

2)配备齐全的汽车维修专用设备。

3)每个工位配备充足的汽车维修通用工具,如:150 件套等。

4)配备尾气抽排等通风安全设备。

(3)合作企业要求。

1)具备汽车维修资质的企业。

2)通过汽车厂家认证的正规 4S 店或汽车公司。

3)具备至少 4 名通过厂家中级维修技师认证考核的企业。

4)配备齐全的汽车维修工具设备和充足的汽车维修举升工位。

5)具备充足的汽车维护与维修业务量。

3. 岗位核心能力模块

(1)培训师资要求。

1)能力要求。

A.具备汽车维修核心技能培训的能力；

B.具备良好的语言沟通和表达能力；

C.具备良好的肢体表达能力和展示能力；

D.具备熟练的操作技巧和实践维修能力。

2）资质要求。

A.具备汽车维修内训师以上的培训师资质；

B.具备汽车维修高级技师的职业等级资质；

C.具备厂家认证的高级维修技师以上的技能资质。

（2）设施设备要求。

1）具备 8 个以上举升机工位。

2）配备齐全的汽车维修专用设备。

3）每个工位配备充足的汽车维修通用工具，如：150 件套等。

4）配备尾气抽排等通风安全设备。

（3）合作企业要求。

1）具备汽车维修资质的企业。

2）通过汽车厂家认证的正规 4S 店或汽车公司。

3）具备至少 4 名通过厂家高级维修技师认证考核的企业。

4）配备齐全的汽车诊断与维修工具设备和充足的汽车维修举升工位。

5）具备充足的汽车故障诊断及维修的进厂车辆。

4. 专业教育教学能力模块

（1）培训师资要求。

1）能力要求。

A.具备专业教育教学培训的能力；

B.具备良好的语言沟通和表达能力；

C.具备良好的肢体表达能力和展示能力；

D.具备良好的教育教学及培训能力。

2）资质要求。

A.具备专业教育教学相关的培训师资质；

B.具备内训师以上并通过企业认证考核的培训师资质。

（2）设施设备要求。

1）培训场地干净整洁。

2）配备足够的培训桌椅及多媒体设备。

3）培训场地面积充足，至少包含理论培训区与演示区。

4）配备足够的培训用品及相关道具。

（3）合作企业要求。

1）具备企业员工培训资质。

2）通过汽车厂家认证的正规 4S 店或汽车公司。

3）具备正规培训资质的教育教学培训公司。

4）具备至少 2 名正规的教育教学能力培训师或者通过厂家认证考核的培训师。

5）配备足够培训桌椅和培训用品的会议室或者培训室。

5. 专业发展能力模块

（1）培训师资要求。

1）能力要求。

A. 具备专业发展能力培训的能力；

B. 具备良好的语言沟通和表达能力；

C. 具备良好的肢体表达能力和展示能力；

D. 具备良好的发明和创造能力；

E. 具备良好的改革创新理念和实践能力。

2）资质要求。

A. 具备专业发展能力相关的培训师资质；

B. 具备内训师以上并通过企业认证考核的培训师资质；

C. 具备发明创造及改革创新相关资质。

（2）设施设备要求。

1）培训场地干净整洁。

2）配备足够的培训桌椅及多媒体设备。

3）培训场地面积充足，至少包含理论培训区/演示区和实践区。

4）配备足够的培训用品及相关道具。

（3）合作企业要求。

1）具备专业发展能力相关的培训资质。

2）通过汽车厂家认证的正规 4S 店或汽车公司。

3）具备正规资质的发明创造等代理机构和公司。

4）具备汽车改装能力及改装应用能力的公司。

5）具备至少 2 名正规的专业发展能力相关的培训师或者通过厂家认证考核的培训师。

6）配备足够培训桌椅和培训用品的会议室或者培训室。

(三)后勤生活保障

为保证学员培训期间的安全与培训效果，培训期间食宿统一管理，具体如下：

(1)住宿统一安排，住宿场地要求整洁、安静。

(2)就餐统一安排在食堂，每天菜品变化，每个星期更新菜谱，保证用餐品质。

(3)培训场地干净、整洁，符合培训要求。

(4)提供课后学习场地及相关工具设备支持。

附录

附录一 技能考核项目

一、技能考核项目

汽车检测维修类专业教师企业实践培训各模块的技能考核项目见附表1。

附表1 各模块技能考核项目一览表

培训模块	培训内容	技能考核项目	考核时间/min
职业素养	SY1-1 企业文化	SY1-1-1 企业文化学习心得汇报	30
	SY1-2 企业制度	SY1-2-1 企业制度学习心得汇报	30
	SY1-3 岗位规范	SY1-3-1 汽车维修安全案例分析汇报	30
	SY1-4 行业政策	SY1-4-1 行业政策学习心得汇报	30
岗位基本能力	JB2-1 车间安全与车辆检查	JB2-1-1 车间常规设备的使用	30
		JB2-1-2 车辆 PDI 检查	30
	JB2-2 汽车维护与保养作业	JB2-2-1 诊断仪的基本使用	30
		JB2-2-2 发动机机油的更换与保养复位	60
		JB2-2-3 汽油滤清器的更换	60
		JB2-2-4 防冻冷却液的检查和更换	60
		JB2-2-5 节气门的检查和清洗	60
		JB2-2-6 火花塞的检查与更换	60
		JB2-2-7 底盘部件检查	60
		JB2-2-8 车轮的检查与换位	60
		JB2-2-9 制动液的检查与更换	60

续附表1

培训模块	培训内容	技能考核项目	考核时间/min
岗位基本能力	JB2-2 汽车维护与保养作业	JB2-2-10 制动片的检查与更换	60
		JB2-2-11 自动变速器油的检查与更换	60
		JB2-2-12 转向助力液的检查与更换	60
		JB2-2-13 蓄电池的检测与更换	30
		JB2-2-14 空气滤芯及空调滤芯的检查与更换	30
	JB2-3 汽车零部件拆装作业	JB2-3-1 传动带的检查与更换	60
		JB2-3-2 轮胎拆装与动平衡	60
		JB2-3-3 轮毂轴承的检查与拆装	60
		JB2-3-4 减震器的检查与更换	60
		JB2-3-5 前后车窗雨刮器片的更换	30
		JB2-3-6 起动机的检测与更换	60
		JB2-3-7 发电机的检测与更换	60
		JB2-3-8 更换麦弗逊悬架下摆臂总成	60
		JB2-3-9 主驾驶座安全气囊的拆装	60
岗位核心能力	HX3-1 发动机检测作业	HX3-1-1 活塞连杆组的拆装与检测	60
		HX3-1-2 气缸盖拆装与检测	60
		HX3-1-3 气缸磨损检测	60
		HX3-1-4 曲轴拆装与检测	60
		HX3-1-5 气门机构拆装与检测	60
		HX3-1-6 气门间隙的检测与调整	60
		HX3-1-7 配气正时机构拆装与检查(皮带)	60
		HX3-1-8 配气正时机构拆装、测量与检查(链条)	60
		HX3-1-9 节气门体总成的检测	60
		HX3-1-10 凸轮轴位置传感器的检测	60
		HX3-1-11 进气歧管绝对压力传感器的检测	60
		HX3-1-12 四线式加热型氧传感器的检测	60

续附表1

培训模块	培训内容	技能考核项目	考核时间 /min
岗位 核心能力	HX3-1 发动机检测作业	HX3-1-13 独立式点火线圈的检测	60
		HX3-1-14 曲轴位置传感器的检测	60
		HX3-1-15 发动机机油压力检测	60
		HX3-1-16 气缸压缩压力检测	60
		HX3-1-17 排气背压检测	60
		HX3-1-18 燃油压力检测	60
		HX3-1-19 尾气检测与分析	60
		HX3-1-20 冷却系统密封性检测	60
	HX3-2 底盘检测作业	HX3-2-1 驻车制动器的调整(机械)	60
		HX3-2-2 盘式制动器的拆装与检测	60
		HX3-2-3 膜片式离合器总成的拆装与检测	60
		HX3-2-4 自动变速器电磁阀检测	60
		HX3-2-5 制动踏板行程测量与真空助力器检测	60
		HX3-2-6 车轮定位参数检测与车轮前束值调整	60
	HX3-3 电气系统检测作业	HX3-3-1 蓄电池性能检测与寄生电流测试	60
		HX3-3-2 空调制冷剂的回收与加注	60
		HX3-3-3 空调系统性能检测	60
		HX3-3-4 玻璃升降器总成拆装与检测	60
		HX3-3-5 雨刮器总成拆装与检测	60
	HX3-4 发动机故障诊断作业	HX3-4-1 车身模块不通信4故障诊断与排除	60
		HX3-4-2 发动机失去通信的故障诊断与排除	60
		HX3-4-3 传感器波形检测与分析	60
		HX3-4-4 执行器波形检测与分析	60
		HX3-4-5 发动机 ECU 电源故障诊断与排除	60
		HX3-4-6 起动机不工作的故障诊断与排除	60

续附表1

培训模块	培训内容	技能考核项目	考核时间/min
岗位核心能力	HX3-4 发动机故障诊断作业	HX3-4-7 单缸缺火故障诊断与排除	60
		HX3-4-8 燃油供给系统不工作的故障诊断与排除	60
		HX3-4-9 进气系统(涡轮增压)故障诊断与排除	60
		HX3-4-10 排气系统(排气净化)故障诊断与排除	60
	HX3-5 底盘故障诊断作业	HX3-5-1 自动变速器故障指示灯常亮的故障诊断与排除	60
		HX2-2-2 电动转向系统故障灯常亮的故障诊断与排除	60
		HX3-5-3 电子转向系统检查与标定	60
		HX3-5-4 ABS故障灯常亮的故障诊断与排除	60
		HX3-5-5 电子手刹工作异常故障诊断与排除	60
		HX3-5-6 电控悬架工作异常故障诊断与排除	60
		HX3-5-7 胎压监测系统故障诊断与排除	60
	HX3-6 电气系统故障诊断作业	HX3-6-1 空调鼓风机不工作故障诊断与排除	60
		HX3-6-2 空调压缩机不工作的故障诊断与排除	60
		HX3-6-3 前照灯不亮的故障诊断与排除	60
		HX3-6-4 喇叭工作异常故障诊断与排除	60
		HX3-6-5 电动车窗不工作的故障诊断与排除	60
		HX3-6-6 后视镜工作异常故障诊断与排除	60
		HX3-6-7 中控门锁不工作故障诊断与排除	60
		HX3-6-8 行车辅助系统故障诊断与排除	60
		HX3-6-9 娱乐系统故障诊断与排除	60
		HX3-6-10 雨刮系统不工作故障诊断与排除	60

续附表1

培训模块	培训内容	技能考核项目	考核时间/min
岗位核心能力	HX3-7 车身修复作业	HX3-7-1 车身凹陷外形修复(钣金)	90
		HX3-7-2 车身凹陷外观修复(喷涂)	90
		HX3-7-3 车身覆盖件的拆装与合位	90
	HX3-8 新能源汽车保养作业	HX3-8-1 电动汽车维护与保养准备	60
		HX3-8-2 电动汽车新车交付检查	60
		HX3-8-3 电动汽车充电系统维护与保养	60
		HX3-8-4 电动汽车动力蓄电池系统维护	60
		HX3-8-5 电动汽车冷却系统维护与保养	60
		HX3-8-6 电动汽车底盘维护与保养	60
		HX3-8-7 电动汽车制动系统维护与保养	60
		HX3-8-8 电动助力转向系统维护与保养	60
		HX3-8-9 电动汽车车身电器设备维护	60
		HX3-8-10 电动汽车空调系统维护与保养	60
	HX3-9 新能源汽车检修作业	HX3-9-1 电动汽车基本结构识别	60
		HX3-9-2 电机的结构及拆装	60
		HX3-9-3 电动汽车高压断电操作流程	60
		HX3-9-4 高压控制盒的更换流程	60
		HX3-9-5 车载充电系统部件的更换流程	60
		HX3-9-6 DC/DC 变换器的更换流程	60
		HX3-9-7 电动汽车高压部件绝缘检测	60
	HX3-10 新能源汽车诊断作业	HX3-10-1 慢充充电正常但无充电连接指示灯故障诊断	60
		HX3-10-2 快充桩与车辆无法通信故障诊断	60
		HX3-10-3 车辆 SOC 为零提示尽快充电故障诊断	60
		HX3-10-4 车辆无法行驶且 READY 灯熄灭故障诊断	60
		HX3-10-5 电机控制器过热故障诊断	60
		HX3-10-6 电机过热故障诊断	60

续附表1

培训模块	培训内容	技能考核项目	考核时间/min
专业教学能力	JX4-1 市场调研	JX4-1-1 汽车检测维修类专业市场调研报告汇报	30
	JX4-2 分析典型工作任务	JX4-2-1 汽车检测维修类专业典型工作任务分析报告汇报	30
	JX4-3 开发课程体系	JX4-3-1 制订汽车检测维修类专业人才培养方案汇报	30
	JX4-4 收集与开发教学资源	JX4-4-1 一门汽车检测维修类专业课程的教学资源汇报	30
专业发展能力	FZ5-1 应用技术研究	FZ5-1-1 汽车专业实用新型专利开发汇报	30
		FZ5-1-2 汽车改装研究与实践成果汇报	30
		FZ5-1-3 汽车维修技术培训	30
		FZ5-1-4 汽车维修关键岗位技术标准开发汇报	30
	FZ5-2 岗位新技术	FZ5-2-1 车联网技术领域信息收集分析汇报	30
		FZ5-2-2 智能驾驶技术领域信息收集分析汇报	30

二、操作流程与考核评分标准

(一)职业素养模块

(1)SY1-1-1：企业文化学习心得汇报(附表2)。

附表2　企业文化学习心得汇报评分标准

SY1-1-1：企业文化学习心得汇报		
考核时长：30 min	考核地点：企业/培训基地	考核方式：PPT 汇报
任务描述：(1)熟悉企业文化或经营理念；(2)熟悉企业管理模式；(3)把握企业文化的精髓；(4)熟悉调研企业的产品；(5)能进行企业文化的宣讲与介绍		
操作设备：笔记本电脑、无线局域网		
操作材料：无		

续附表2

<table>
<thead>
<tr><th colspan="6" style="text-align:center">评分标准</th></tr>
<tr><th>考核内容</th><th>考核点及评分要求</th><th>分值</th><th>扣分</th><th>得分</th><th>备注</th></tr>
</thead>
<tbody>
<tr><td rowspan="2">企业历史与
发展文化</td><td>是否具备企业历史传统</td><td>7</td><td></td><td></td><td></td></tr>
<tr><td>是否具备企业发展介绍</td><td>7</td><td></td><td></td><td></td></tr>
<tr><td rowspan="4">企业品牌文化</td><td>是否具备企业文化观念</td><td>7</td><td></td><td></td><td></td></tr>
<tr><td>是否具备企业价值观念</td><td>6</td><td></td><td></td><td></td></tr>
<tr><td>是否具备企业产品介绍</td><td>6</td><td></td><td></td><td></td></tr>
<tr><td>是否具备企业文化环境介绍</td><td>6</td><td></td><td></td><td></td></tr>
<tr><td rowspan="3">企业精神与理念</td><td>是否具备企业精神</td><td>7</td><td></td><td></td><td></td></tr>
<tr><td>是否具备企业理念</td><td>7</td><td></td><td></td><td></td></tr>
<tr><td>是否具备企业道德规范</td><td>7</td><td></td><td></td><td></td></tr>
<tr><td rowspan="4">企业服务与管理</td><td>是否具备企业制度</td><td>5</td><td></td><td></td><td></td></tr>
<tr><td>是否具备企业行为准则</td><td>5</td><td></td><td></td><td></td></tr>
<tr><td>是否具备企业经营理念</td><td>5</td><td></td><td></td><td></td></tr>
<tr><td>是否具备企业管理模式</td><td>5</td><td></td><td></td><td></td></tr>
<tr><td rowspan="2">资源制作与讲解</td><td>资源制作丰富美观</td><td>10</td><td></td><td></td><td></td></tr>
<tr><td>讲解能抓住重点、有心得</td><td>10</td><td></td><td></td><td></td></tr>
<tr><td colspan="2" style="text-align:center">合计</td><td>100</td><td></td><td></td><td></td></tr>
</tbody>
</table>

(2)SY1-2-1：企业制度学习心得汇报(附表3)。

附表3 企业制度学习心得汇报评分标准

<table>
<tbody>
<tr><td colspan="3" style="text-align:center">SY1-2-1：企业制度学习心得汇报</td></tr>
<tr><td>考核时长：30 min</td><td>考核地点：企业/培训基地</td><td>考核方式：PPT汇报</td></tr>
<tr><td colspan="3">任务描述：(1)知道法律与政策；(2)熟悉企业组织结构与岗位工作说明；(3)掌握企业管理制度与工作流程；(4)能进行企业制度的宣讲与介绍</td></tr>
<tr><td colspan="3">操作设备：笔记本电脑、无线局域网</td></tr>
<tr><td colspan="3">操作材料：无</td></tr>
</tbody>
</table>

续附表3

评分标准					
考核内容	考核点及评分要求	分值	扣分	得分	备注
法律与政策	是否具备企业法律介绍	5			
	是否具备企业政策介绍	5			
企业组织结构与岗位工作说明	是否介绍企业组织结构的类型	5			
	是否介绍企业组织结构的特点	5			
	是否介绍各岗位工作性质	4			
	是否介绍各岗位工作任务	4			
	是否介绍各岗位工作职责	4			
	是否介绍各岗位工作环境	4			
企业管理制度与工作流程	是否介绍考勤制度	4			
	是否介绍部门岗位责任制度	4			
	是否介绍奖惩制度	4			
	是否介绍晨会制度	4			
	是否介绍周会制度	4			
	是否介绍绩效考核制度	4			
	是否介绍招聘录用流程	4			
	是否介绍岗前培训流程	4			
	是否介绍福利活动申请流程	4			
	是否介绍请假流程	4			
	是否介绍离职流程	4			
资源制作与讲解	资源制作丰富美观	10			
	讲解能抓住重点、有心得	10			
合计		100			

(3)SY1-3-1：汽车维修安全案例分析汇报(附表4)。

附表 4　汽车维修安全案例分析汇报评分标准

SY1-3-1：汽车维修安全案例分析汇报

考核时长：30 min	考核地点：企业/培训基地	考核方式：PPT 汇报

任务描述：(1)汽车维修车间的要求与规范；(2)汽车维修岗位的安全规范；(3)汽车维修岗位的安全案例分析

操作设备：笔记本电脑、无线局域网

操作材料：无

评分标准

考核内容	考核点及评分要求	分值	扣分	得分	备注
车间安全	是否介绍车间安全	10			
	是否介绍车间 6S 生产管理	10			
	是否介绍安全的重要性	10			
案例分析	案例是否结合生产实际	10			
	案例是否具有警示性	10			
	案例分析是否有重点	10			
	案例是否具有时代性	10			
	案例是否具有普遍性	10			
资源制作与讲解	资源制作丰富美观	10			
	讲解能抓住重点、有心得	10			
合计		100			

(4)SY1-4-1：行业政策学习心得汇报(附表 5)。

附表 5　行业政策学习心得汇报评分标准

SY1-4-1：行业政策学习心得汇报

考核时长：30 min	考核地点：企业/培训基地	考核方式：PPT 汇报

任务描述：(1)能进行行业政策解读；(2)能描述行业发展前景；(3)能进行行业政策的宣讲与介绍

操作设备：笔记本电脑、无线局域网

操作材料：无

续附表 5

评分标准					
考核内容	考核点及评分要求	分值	扣分	得分	备注
行业政策解读	是否介绍行业政策的概念	10			
	是否介绍行业政策的目录	10			
	是否介绍行业政策的构成	10			
	是否介绍行业政策的作用	10			
	是否介绍行业政策的热点	10			
行业发展前景	是否进行行业现状分析	10			
	是否进行行业前景分析	10			
	是否尝试解析行业研究报告	10			
资源制作与讲解	资源制作丰富美观	10			
	讲解能抓住重点有心得	10			
合计		100			

(二)岗位基本能力模块

1.JB2-1：车间安全与车辆检查

(1)JB2-1-1：车间常规设备的使用(附表6)。

附表6　车间常规设备的使用作业评分标准

JB2-1-1：车间常规设备的使用		
考核时长：30 min	考核地点：机电维修工位	考核方式：实操
任务描述：(1)完成客户车辆举升操作；(2)完成客户车辆充电操作		
操作设备：(1)客户车辆；(2)举升机；(3)充电机；(4)笔记本电脑(含维修手册)		
操作材料：(1)抹布、棉纱手套、车内三件套等		

续附表 6

评分标准						
考核内容		考核点及评分要求	分值	扣分	得分	备注
作业准备		工作服与安全鞋，女性要求戴帽	1			
		车辆信息填写	1			
		检查确认举升机	1			
		检查确认充电机	1			
维修手册使用	关键数据使用维修手册确认	车辆举升位置	2			
		蓄电池型号	3			
车辆举升	举升机操作	安装座椅、地板、方向盘三件套	5			
		降下主驾驶车窗玻璃	5			
		放置底盘垫块	5			
		车辆举升安全检查	5			
		车辆举升后锁定	5			
		车辆下降	5			
	否决项	操作举升机按钮戴棉纱手套				
		检查底盘垫块时戴棉纱手套				
		操作举升机时背向举升车辆				
		操作举升机时未提示车辆周围人员				
车辆充电	车辆充电操作	确认蓄电池正负极	6			
		按顺序连接充电机正负极	6			
		根据蓄电池型号确定充电模式	6			
		关闭充电机电源	6			
		按顺序取下充电机负正极电缆线	6			
	否决项	连接充电机正负极时极性错误				
		连接充电机正负极顺序错误				
		拆卸充电机正负极顺序错误				
		连接与拆卸充电机正负极时带电操作				

续附表 6

考核内容		考核点及评分要求	分值	扣分	得分	备注
作业后整理	清洁工具、工作台、场地等	清洁车辆、举升机、充电机	1			
		举升机、充电归位	1			
		用过的清洁布等放入垃圾桶	1			
作业规范	按规定流程和方法进行作业	流程清楚，方法正确	3			
安全与6S	整个工作过程中的安全与6S	场地整洁，物品摆放有序	5			
		无安全问题	5			
维修工单		按要求填写，记录值准确	15			
合计			100			

（2）JB2-1-2：车辆 PDI 检查（附表 7）。

附表 7　车辆 PDI 检查作业评分标准

JB2-1-2：车辆 PDI 检查

考核时长：30 min	考核地点：机电维修工位	考核方式：实操

任务描述：（1）完成车辆 PDI 检查；（2）填写维修工单

操作设备：（1）客户车辆；（2）150 件套装工具；（3）预置式扭力扳手；（4）LED 头灯

操作材料：抹布、手套、车内三件套、车外三件套等

评分标准

考核内容		考核点及评分要求	分值	扣分	得分	备注
作业准备		工作服与安全鞋，女性要求戴帽	2			
		车辆信息填写	2			
维修手册使用	关键数据使用维修手册确认	查询轮胎螺栓、转向拉杆调整螺栓拧紧力矩	2			

续附表7

考核内容		考核点及评分要求	分值	扣分	得分	备注
PDI 检查	外观检查	安装车辆挡块，连接尾气排放管	2			
		安装座椅、地板、方向盘三件套	2			
		降下驾驶员座车窗玻璃	1			
		关闭点火开关	1			
		打开发动机舱盖，安装车外三件套	2			
		进行机油和冷却液液位检查后再起动发动机	2			
		车身外观	2			
		轮胎轮辋	2			
		紧固四个轮胎的螺栓	2			
	发动机舱检查	加油口盖开启、关闭	1			
		全部防水密封条、门框压条	1			
		引擎盖开启、关闭	1			
		前后门及尾门的开启、关闭	1			
		玻璃、左右后视镜及灯具	1			
		保险杠与车身的配合	1			
		蓄电池状况及电压	2			
		发动机机油液位	2			
		制动液液位	2			
		玻璃洗涤液液位	2			
		冷却液液位	2			
		发动机舱有无油污	2			
		散热器总成	2			
		油液管路有无泄漏	2			

续附表7

考核内容		考核点及评分要求	分值	扣分	得分	备注
PDI 检查	驾驶室内检查	门锁/中控门锁工作状况	1			
		车门儿童安全锁作用	1			
		车门窗玻璃升降工作状况	1			
		车内外后视镜调整	1			
		后门窗玻璃开闭状况	1			
		前排化妆镜及灯状况	1			
		前排阅读灯及顶灯状况	1			
		车内门灯状况	1			
		各座椅调节是否正常	2			
		刮水器及喷水状况	1			
		检查外部灯光系统工作状况	2			
		组合仪表工作状况	1			
		离合器、刹车、油门踏板、换挡杆状况	4			
		A/C 空调系统性能	1			
		CD/FM/AM 音响系统性能	1			
		其他部件的功能操作	1			
	底盘部件检查	紧固转向拉杆调整锁紧螺母	1			
		方向机密封防尘罩	1			
		燃油管路及燃油箱	1			
		制动液管路	1			
		排气管路	1			
		前悬架相关部件	1			
		后悬架相关部件	1			
		前后车轮	1			
		发动机的油底壳	1			
		自动变速器的各接触面	1			

续附表7

考核内容		考核点及评分要求	分值	扣分	得分	备注
作业后整理	清洁工具、工作台、场地等	清洁车辆	3			
		用过的清洁布、车内三件套等放入垃圾桶	2			
作业规范	按规定流程和方法进行作业	流程清楚，方法正确	5			
安全与6S	整个工作过程中的安全与6S	场地整洁，物品摆放有序	5			
		无安全问题	5			
维修工单		按要求填写，记录值准确	5			
合计			100			

2. JB2-2：汽车维护与保养作业

（1）JB2-2-1：诊断仪的基本使用（附表8）。

附表8　诊断仪的基本使用作业评分标准

JB2-2-1：诊断仪的基本使用		
考核时长：30 min	考核地点：机电维修工位	考核方式：实操

任务描述：（1）完成诊断仪的基本使用；（2）填写维修工单

操作设备：客户车辆

操作材料：（1）抹布、手套、车内三件套、车外三件套等

评分标准						
考核内容		考核点及评分要求	分值	扣分	得分	备注
作业准备		工作服与安全鞋，女性要求戴帽	1			
		车辆信息填写	1			
维修手册使用	关键数据使用维修手册确认	在维修手册中查询故障代码	2			
		在维修手册中查询诊断接口位置	3			

续附表 8

考核内容		考核点及评分要求	分值	扣分	得分	备注
诊断仪的基本使用	操作步骤	安装座椅、地板、方向盘三件套	4			
		降下主驾驶车窗玻璃	3			
		安装车外三件套	2			
		关闭点火开关	2			
		正确选择诊断接口	5			
		打开点火开关	2			
		打开诊断仪电源	2			
		正确选择车辆品牌、年份、型号等	5			
		进入发动机控制模块读取故障码	5			
		进行清除故障操作	5			
		历史故障码读取	5			
		进入车身控制模块读取车窗开关数据流	5			
		进行启动机动作测试	5			
		按操作路径退回初始界面	5			
		关闭诊断仪电源	2			
	否决项	车辆品牌、年份、型号选择错误	/			
作业后整理	清洁工具、工作台、场地等	清洁车辆	2			
		用过的清洁布、车内三件套等放入垃圾桶	1			
作业规范	按规定流程和方法进行作业	流程清楚,方法正确	3			
安全与6S	整个工作过程中的安全与6S	场地整洁,物品摆放有序	5			
		无安全问题	5			
维修工单		按要求填写,记录值准确	20			
合计			100			

(2)JB2-2-2:发动机机油的更换与保养复位(附表9)。

附表9　发动机机油的更换与保养复位作业评分标准

JB2-2-2：发动机机油的更换与保养复位					
考核时长：60 min		考核地点：机电维修工位		考核方式：实操	
任务描述：(1)完成发动机机油的更换与保养复位；(2)填写维修工单					
操作设备：(1)客户车辆；(2)150件套装工具					
操作材料：发动机机油、机油滤清、抹布、手套、车内三件套、车外三件套等					
评分标准					
考核内容		考核点及评分要求	分值	扣分	得分	备注

考核内容		考核点及评分要求	分值	扣分	得分	备注
作业准备		工作服与安全鞋，女性要求戴帽	1			
		车辆信息填写	1			
		工具、备件检查	2			
维修手册使用	关键数据使用维修手册确认	查询发动机机油的更换步骤	2			
		查询发动机机油的型号	1			
		查询发动机机油的加注量	1			
		查询发动机放油螺栓、滤清器盖的扭矩	1			
发动机机油的更换与保养复位	操作步骤	安装座椅、地板、方向盘三件套	2			
		降下主驾驶车窗玻璃	1			
		安装车外三件套	2			
		挂P挡(手动挂空挡)，启用驻车制动	2			
		检查机油液位、制动液位、冷却液位	3			
		拧松机油加注口盖	2			
		检查举升位置	2			
		正确操作举升机	2			
		将集油盆置于发动机下方	2			
		拆卸放油螺栓	3			
		清洁检查放油螺栓	2			
		机油排空	3			

续附表 9

考核内容		考核点及评分要求	分值	扣分	得分	备注
发动机机油的更换与保养复位	操作步骤	安装放油螺栓	3			
		操作举升机，放下车辆	2			
		拆卸机油滤清器盖	2			
		清洁机油滤清器盖，更换密封圈	3			
		安装机油滤清	2			
		安装机油滤清器盖	3			
		加注新机油	3			
		操作举升机到合适位置(检查放油螺栓是否渗漏)	3			
		放下举升机(检查机油滤清器是否存在渗漏)	3			
		根据车型进行行驶里程复位(通过仪表或诊断仪选取一种方式即可)	5			
	否决项	排放机油时烫伤皮肤				
		造成油底壳放油螺栓孔损坏				
作业后整理	清洁工具、工作台、场地等	清洁车辆	2			
		用过的清洁布、车内三件套等放入垃圾桶	1			
作业规范	按规定流程和方法进行作业	流程清楚，方法正确	3			
安全与6S	整个工作过程中的安全与6S	场地整洁，物品摆放有序	5			
		无安全问题	5			
维修工单		按要求填写，记录值准确	20			
合计			100			

（3）JB2-2-3：汽油滤清器的更换（附表10）。

附表10　汽油滤清器的更换作业评分标准

JB2-2-3：汽油滤清器的更换

考核时长：60 min	考核地点：机电维修工位	考核方式：实操
任务描述：（1）完成汽油滤清器的更换；（2）填写维修工单		
操作设备：（1）客户车辆；（2）150件套装工具；（3）汽油容器		
操作材料：汽油滤清器、抹布、手套、车内三件套、车外三件套等		

评分标准

考核内容		考核点及评分要求	分值	扣分	得分	备注
作业准备		工作服与安全鞋，女性要求戴帽	1			
		确认消防设备与场地通风	1			
		车辆信息填写	1			
维修手册使用	关键数据使用维修手册确认	查询汽油滤清器的更换步骤	3			
		查询卸去燃油压力的操作步骤	3			
		查询燃油泵保险丝型号与位置	3			
汽油滤清器的更换	操作步骤	安装座椅、地板、方向盘三件套	2			
		降下主驾驶车窗玻璃	2			
		安装车外三件套	2			
		确保点火开关处于关闭状态	2			
		拆下燃油泵保险丝以防止燃油溢出	4			
		松开燃油加注口盖，以释放油箱蒸汽压力	3			
		拆下燃油导轨维修端口帽	3			
		在燃油导轨维修端口周围包一块抹布	3			
		打开燃油导轨测试端口的阀门，收集导轨内燃油到汽油容器内	3			
		安装燃油导轨维修端口盖	3			
		紧固燃油加注口盖	3			
		举升和顶起车辆	3			

续附表 10

考核内容		考核点及评分要求	分值	扣分	得分	备注
汽油滤清器的更换	操作步骤	断开燃油滤清器快速接头	3			
		更换燃油滤清器	4			
		连接燃油滤清器快速接头	3			
		降下车辆	3			
		安装燃油泵保险丝	3			
		启动车辆，以建立油压	3			
	否决项	造成燃油严重泄漏				
作业后整理	清洁工具、工作台、场地等	清洁车辆	2			
		用过的清洁布、车内三件套等放入垃圾桶	1			
作业规范	按规定流程和方法进行作业	流程清楚，方法正确	3			
安全与6S	整个工作过程中的安全与6S	场地整洁，物品摆放有序	5			
		无安全问题	5			
维修工单		按要求填写，记录值准确	20			
合计			100			

（4）JB2-2-4：防冻冷却液的检查与更换（附表11）。

附表 11 防冻冷却液的检查和更换作业评分标准

JB2-2-4：防冻冷却液的检查和更换		
考核时长：60 min	考核地点：机电维修工位	考核方式：实操
任务描述：（1）完成防冻冷却液的检查和更换；（2）进行防冻冷却液冰点测试；（3）填写维修工单		
操作设备：（1）客户车辆；（2）150件套装工具；（3）接水盘		
操作材料：防冻冷却液、抹布、手套、车内三件套、车外三件套等		

续附表 11

评分标准						
考核内容		考核点及评分要求	分值	扣分	得分	备注
作业准备		工作服与安全鞋，女性要求戴帽	1			
		车辆信息填写	1			
维修手册使用	关键数据使用维修手册确认	查询防冻冷却液的检查和更换步骤	2			
		散热器排放塞紧固力矩	2			
		防冻冷却液加注量	2			
防冻冷却液的检查和更换	操作步骤	安装座椅、地板、方向盘三件套	2			
		降下主驾驶车窗玻璃	2			
		安装车外三件套	2			
		确保点火开关处于关闭状态	2			
		将防冻冷却液压力盖从散热器缓冲罐上拆下(避免被烫伤，在发动机冷却后)	3			
		举升和顶起车辆	2			
		在散热器放水螺塞下放置接水盘	2			
		松开散热器放水螺塞	3			
		排空冷却系统	3			
		降下车辆	2			
		检查冷却液(外观检查、冰点测试)	4			
		举升和顶起车辆	2			
		拧紧散热器放水螺塞	3			
		加注防冻冷却液	3			
		在驻车制动器接合的情况下，起动发动机并使车辆在驻车挡或空挡位置急速运转	2			
		缓慢地加注防冻冷却液混合液	3			
		安装防冻冷却液压力盖	1			

续附表 11

考核内容		考核点及评分要求	分值	扣分	得分	备注
防冻冷却液的检查和更换	操作步骤	将发动机转速升高至 2500 转/分，持续 30~40 分钟	3			
		关闭发动机	1			
		发动机冷却下来，拆下防冻冷却液加注口盖并重复加注	4			
		清洁发动机和发动机舱上残留的防冻冷却液	3			
		检查冷却系统是否有泄漏	4			
	否决项	造成防冻冷却液释放出滚烫的液体和蒸汽				
作业后整理	清洁工具、工作台、场地等	清洁车辆	2			
		用过的清洁布、车内三件套等放入垃圾桶	1			
作业规范	按规定流程和方法进行作业	流程清楚，方法正确	3			
安全与6S	整个工作过程中的安全与6S	场地整洁，物品摆放有序	5			
		无安全问题	5			
维修工单		按要求填写，记录值准确	20			
合计			100			

(5)JB2-2-5：节气门的检查与清洗(附表 12)。

附表 12　节气门的检查和清洗作业评分标准

JB2-2-5：节气门的检查和清洗

考核时长：60 min	考核地点：机电维修工位	考核方式：实操

任务描述：(1)完成节气门的检查和清洗；(2)进行节气门学习操作；(3)填写维修工单

操作设备：(1)客户车辆；(2)150 件套装工具

操作材料：发动机清洁剂、抹布、手套、车内三件套、车外三件套等

续附表 12

评分标准						
考核内容		考核点及评分要求	分值	扣分	得分	备注
作业准备		工作服与安全鞋,女性要求戴帽	5			
		车辆信息填写	1			
维修手册使用	关键数据使用维修手册确认	查询节气门的清洁步骤	2			
		查询空气滤清器出气管的更换步骤	2			
		查询空气滤清器出气管卡箍紧固力矩	2			
节气门的检查和清洗	操作步骤	安装座椅、地板、方向盘三件套	4			
		降下主驾驶车窗玻璃	3			
		安装车外三件套	2			
		确保点火开关处于关闭状态	3			
		松开空气滤清器出气管卡箍	3			
		取下空气滤清器出气管	2			
		检查节气门体孔和节气门体阀片是否有沉积物	5			
		清洁节气门孔和节气门阀片	5			
		安装空气滤清器出气管	2			
		紧固空气滤清器出气管卡箍	3			
		发动机怠速运转3分钟	3			
		观察故障诊断仪上的"Desired Idle Speed(期望的怠速转速)"和"Actual Engine Speed(实际的发动机转速)"参数	5			
		点火开关置于OFF(关闭)位置60秒	3			
		起动发动机并使其怠速运转3分钟	4			
		运行3分钟之后发动机观察怠速是否正常	4			
	否决项	造成异物进入进气歧管				

续附表 12

考核内容		考核点及评分要求	分值	扣分	得分	备注
作业后整理	清洁工具、工作台、场地等	清洁车辆	2			
		用过的清洁布、车内三件套等放入垃圾桶	2			
作业规范	按规定流程和方法进行作业	流程清楚,方法正确	3			
安全与 6S	整个工作过程中的安全与 6S	场地整洁,物品摆放有序	5			
		无安全问题	5			
维修工单		按要求填写,记录值准确	20			
合计			100			

(6) JB2-2-6:火花塞的检查与更换(附表 13)。

附表 13　火花塞的检查与更换作业评分标准

JB2-2-6:火花塞的检查与更换

考核时长:60 min	考核地点:机电维修工位	考核方式:实操

任务描述:(1)完成火花塞的检查与更换;(2)填写维修工单

操作设备:(1)客户车辆;(2)150 件套装工具;(3)塞尺;(4)气枪

操作材料:火花塞、抹布、手套、车内三件套、车外三件套等

评分标准

考核内容		考核点及评分要求	分值	扣分	得分	备注
作业准备		工作服与安全鞋,女性要求戴帽	1			
		车辆信息填写	1			
维修手册使用	关键数据使用维修手册确认	查询点火线圈的更换步骤	1			
		查询火花塞的更换步骤	1			
		查询点火线圈紧固螺栓力矩	1			
		查询火花塞力矩	1			
		查询火花塞间隙	1			

续附表 13

考核内容		考核点及评分要求	分值	扣分	得分	备注
火花塞的检查与更换	操作步骤	安装座椅、地板、方向盘三件套	2			
		降下主驾驶室车窗玻璃	2			
		安装车外三件套	2			
		确保点火开关处于关闭状态	2			
		断开点火线圈电气连接器	4			
		松开点火线圈紧固螺栓	3			
		取下点火线圈	4			
		清洁火花塞周边的脏物	4			
		松开火花塞	3			
		使用专用套筒或点火线圈取出火花塞	3			
		检查绝缘体是否击穿或有碳痕、碳黑	3			
		检查绝缘体有无裂纹	3			
		测量中心电极和侧电极端子之间的间隙	3			
		检查侧电极是否断裂或磨损	3			
		通过摇动火花塞检查中心电极是否断裂、磨损或松动	3			
		检查气缸盖的火花塞槽部位是否有碎屑	3			
		安装与紧固火花塞(用手旋入)	4			
		安装与紧固点火线圈螺栓	3			
		连接点火线圈线束	3			
	否决项	造成异物进入气缸内				
作业后整理	清洁工具、工作台、场地等	清洁车辆	2			
		用过的清洁布、车内三件套等放入垃圾桶	1			

续附表13

考核内容		考核点及评分要求	分值	扣分	得分	备注
作业规范	按规定流程和方法进行作业	流程清楚，方法正确	3			
安全与6S	整个工作过程中的安全与6S	场地整洁，物品摆放有序	5			
		无安全问题	5			
维修工单		按要求填写，记录值准确	20			
合计			100			

(7)JB2-2-7：底盘部件检查(附表14)。

附表14　底盘部件检查作业评分标准

JB2-2-7：底盘部件检查

考核时长：60 min	考核地点：机电维修工位	考核方式：实操

任务描述：(1)完成底盘部件检查；(2)填写维修工单

操作设备：(1)客户车辆；(2)150件套装工具；(3)预置式扭力扳手；(4)LED头灯

操作材料：抹布、手套、车内三件套、车外三件套等

评分标准

考核内容		考核点及评分要求	分值	扣分	得分	备注
作业准备		工作服与安全鞋，女性要求戴帽	1			
		车辆信息填写	1			
维修手册使用	关键数据使用维修手册确认	查询轮胎的型号	1			
		查询减震器弹簧型号	2			
底盘部件检查	操作步骤	安装座椅、地板、方向盘三件套	2			
		降下主驾驶车窗玻璃	2			
		安装车外三件套	2			
		确保点火开关处于关闭状态	2			
		轮胎品牌与型号检查	2			
		轮胎花纹与方向检查	2			
		轮胎损伤与扎钉检查	2			

续附表 14

考核内容		考核点及评分要求	分值	扣分	得分	备注
底盘部件检查	操作步骤	轮胎胎压与漏气检查	2			
		轮胎气嘴丢失与破损检查	2			
		车轮轴承松旷检查	2			
		车轮转动困难检查	2			
		车轮转动偏摆检查	2			
		拆卸轮胎	2			
		车轮螺栓、螺母松动、螺纹损伤检查	2			
		减震器漏油检查	2			
		减震器减震效果检查	2			
		减震器卡滞、行程受限、支杆弯曲检查	2			
		减震器壳体、防尘罩、缓冲块破损检查	2			
		减震器异响、固定螺母松动检查	2			
		转向横拉杆弯曲、撞击痕检查	2			
		稳定杆及拉杆弯曲、撞击痕检查	2			
		悬架杆件弯曲、变形、裂纹、撞击痕检查	2			
		弹簧和上、下橡胶垫配合不当，或缺少橡胶垫、附件及限位弹簧检查	2			
		弹簧上下、前后方向不正确检查	2			
		弹簧尺寸型号不正确检查	2			
		前悬架橡胶轴承老化、破损检查	2			
		前后稳定杆橡胶衬套老化、破损检查	2			
		后悬架橡胶轴承老化、破损检查	2			

续附表14

考核内容		考核点及评分要求	分值	扣分	得分	备注
底盘部件检查	操作步骤	半轴、转向拉杆防尘套破损、扭曲、松脱、卡箍异常,球头防尘套破损、漏油、卡环异常检查	2			
		方向盘松旷、异响、沉重、不对中检查	2			
		转向十字轴松动、安装错误检查	2			
		转向横拉杆、球头松动检查	2			
作业后整理	清洁工具、工作台、场地等	清洁车辆	2			
		用过的清洁布、车内三件套等放入垃圾桶	1			
作业规范	按规定流程和方法进行作业	流程清楚,方法正确	3			
安全与6S	整个工作过程中的安全与6S	场地整洁,物品摆放有序	5			
		无安全问题	5			
维修工单		按要求填写,记录值准确	15			
合计			100			

(8)JB2-2-8:车轮的检查与换位(附表15)。

附表15　车轮的检查与换位作业评分标准

JB2-2-8:车轮的检查与换位		
考核时长:60 min	考核地点:机电维修工位	考核方式:实操
任务描述:(1)完成车轮的检查与换位;(2)填写维修工单		
操作设备:(1)客户车辆;(2)150件套装工具;(3)通用工具		
操作材料:抹布、手套、车内三件套、车外三件套等		

续附表 15

评分标准						
考核内容		考核点及评分要求	分值	扣分	得分	备注
作业准备		工作服与安全鞋,女性要求戴帽	2			
		车辆信息填写	1			
		工具、备件检查	2			
维修手册使用	关键数据使用维修手册确认	查询车轮的更换步骤	5			
		查询车轮固定螺栓的扭矩	5			
车轮的检查与换位	操作步骤	安装座椅、地板、方向盘三件套	3			
		降下主驾驶室车窗玻璃	2			
		安装车外三件套	3			
		挂 P 挡(手动挂空挡),施加驻车制动	2			
		放置车轮挡块	2			
		车轮固定螺栓卸力(车轮未离地)	5			
		正确操作举升机举升至合适位置	5			
		将车轮固定螺栓卸下	2			
		取下车轮	3			
		检查轮胎的外观及花纹深度	5			
		车轮的正确换位	3			
		安装车轮及固定螺栓并预紧	3			
		操作举升机,放下车辆	2			
		将车轮固定螺栓拧至规定力矩	5			
	否决项	操作过程中造成人员或者工具设备损伤				本次考核计 0 分
		不按要求进行危险操作,裁判可终止考核				
作业后整理	清洁工具、工作台、场地等	清洁车辆	2			
		用过的清洁布、车内三件套等放入垃圾桶	3			

续附表 15

考核内容		考核点及评分要求	分值	扣分	得分	备注
作业规范	按规定流程和方法进行作业	流程清楚,方法正确	5			
安全与 6S	整个工作过程中的安全与 6S	场地整洁,物品摆放有序	5			
		无安全问题	5			
维修工单		按要求填写,记录值准确	20			
合计			100			

(9)JB2-2-9:制动液的检查与更换(附表16)。

附表 16 制动液的检查与更换操作作业评分标准

JB2-2-9:制动液的检查与更换		
考核时长:60 min	考核地点:机电维修工位	考核方式:实操

任务描述:(1)完成制动液的更换与排气;(2)填写维修工单

操作设备:(1)客户车辆;(2)150 件套装工具;(3)制动液加注与排气专用工具

操作材料:制动液、抹布、手套、车内三件套、车外三件套等

评分标准						
考核内容		考核点及评分要求	分值	扣分	得分	备注
作业准备		工作服与安全鞋,女性要求戴帽	2			
		车辆信息填写	1			
		工具、备件检查	2			
维修手册使用	关键数据使用维修手册确认	查询制动液的更换步骤	5			
		查询制动系统排气的操作流程	5			

续附表 16

考核内容		考核点及评分要求	分值	扣分	得分	备注
制动液的更换与排气	操作步骤	安装座椅、地板、方向盘三件套	3			
		降下主驾驶室车窗玻璃	2			
		安装车外三件套	3			
		挂 P 挡(手动挂空挡),施加驻车制动	2			
		放置车轮挡块	2			
		正确开启引擎盖	3			
		按维修手册操作流程进行制动液的加注	10			
		正确操作举升机举升至合适位置	3			
		按维修手册操作流程进行制动系统排气操作	15			
		操作举升机,放下车辆	2			
	否决项	操作过程中造成人员或者工具设备损伤				本次考核计0分
		不按要求进行危险操作,裁判可终止考核				
作业后整理	清洁工具、工作台、场地等	清洁车辆	2			
		用过的清洁布、车内三件套等放入垃圾桶	3			
作业规范	按规定流程和方法进行作业	流程清楚,方法正确	5			
安全与6S	整个工作过程中的安全与6S	场地整洁,物品摆放有序	5			
		无安全问题	5			
维修工单		按要求填写,记录值准确	20			
合计			100			

(10)JB2-2-10:制动片的检查与更换(附表 17)。

附表 17　制动片的检查与更换作业评分标准

JB2-2-10：制动片的检查与更换		
考核时长：60 min	考核地点：机电维修工位	考核方式：实操

任务描述：(1)完成制动片的检查与更换；(2)填写维修工单
操作设备：(1)客户车辆；(2)150 件套装工具；(3)游标卡尺；(4)"S"钩
操作材料：刹车片、抹布、手套、车内三件套、车外三件套等

评分标准

考核内容		考核点及评分要求	分值	扣分	得分	备注
作业准备		工作服与安全鞋，女性要求戴帽	2			
		车辆信息填写	1			
		工具、备件检查	2			
维修手册使用	关键数据使用维修手册确认	查询制动片的更换步骤	5			
		查询制动片的磨损极限数据、车轮及制动卡钳固定螺栓扭矩	5			
制动片的检查与更换	操作步骤	安装座椅、地板、方向盘三件套	2			
		降下主驾驶车窗玻璃	2			
		安装车外三件套	2			
		挂 P 挡(手动挂空挡)，关闭驻车制动	4			
		放置车轮挡块	2			
		正确拆卸车轮	2			
		正确操作举升机举升至合适位置	2			
		正确拆卸制动卡钳并取下制动片	3			
		使用"S"钩固定制动卡钳	3			
		使用游标卡尺深度尺检测制动片厚度(测量 6 个位置)	7			
		正确安装制动片及制动卡钳	7			
		将制动卡钳固定螺栓拧至规定力矩	5			
		安装车轮并拧至规定力矩	2			
		操作举升机，放下车辆	2			

续附表 17

考核内容		考核点及评分要求	分值	扣分	得分	备注
制动片的检查与更换	否决项	操作过程中造成人员或者工具设备损伤				本次考核计 0 分
		不按要求进行危险操作,裁判可终止考核				
作业后整理	清洁工具、工作台、场地等	清洁车辆	2			
		用过的清洁布、车内三件套等放入垃圾桶	3			
作业规范	按规定流程和方法进行作业	流程清楚,方法正确	5			
安全与 6S	整个工作过程中的安全与 6S	场地整洁,物品摆放有序	5			
		无安全问题	5			
维修工单		按要求填写,记录值准确	20			
合计			100			

(11)JB2-2-11:自动变速器油的检查与更换(附表 18)。

附表 18 自动变速器油的检查与更换作业评分标准

JB2-2-11:自动变速器油的检查与更换

考核时长:60 min	考核地点:机电维修工位	考核方式:实操

任务描述:(1)完成自动变速器油的检查与更换;(2)填写维修工单

操作设备:(1)客户车辆;(2)150 件套装工具;(3)通用工具;(4)自动变速器油加注工具

操作材料:自动变速器油、抹布、手套、车内三件套、车外三件套等

评分标准

考核内容		考核点及评分要求	分值	扣分	得分	备注
作业准备		工作服与安全鞋,女性要求戴帽	2			
		车辆信息填写	1			
		工具、备件检查	2			
维修手册使用	关键数据使用维修手册确认	查询自动变速器油的更换流程	5			
		查询自动变速器油底壳螺栓的扭矩	5			

续附表 18

考核内容		考核点及评分要求	分值	扣分	得分	备注
自动变速器油的检查与更换	操作步骤	安装座椅、地板、方向盘三件套	2			
		降下主驾驶车窗玻璃	2			
		安装车外三件套	2			
		放置车轮挡块	2			
		按维修手册要求进行自动变速器预热和换挡操作	2			
		将车辆举升至合适位置	2			
		拆下自动变速器油底壳螺栓并检查自动变速器油液位	6			
		取下自动变速器油溢流管进行放油操作	7			
		安装溢流管	5			
		加注新的自动变速器油直至溢流管有油液流出	8			
		安装油底壳固定螺栓并拧至规定力矩	5			
		操作举升机,放下车辆	2			
	否决项	操作过程中造成人员或者工具设备损伤				本次考核计0分
		不按要求进行危险操作,裁判可终止考核				
作业后整理	清洁工具、工作台、场地等	清洁车辆	2			
		用过的清洁布、车内三件套等放入垃圾桶	3			
作业规范	按规定流程和方法进行作业	流程清楚,方法正确	5			
安全与6S	整个工作过程中的安全与6S	场地整洁,物品摆放有序	5			
		无安全问题	5			
维修工单		按要求填写,记录值准确	20			
合计			100			

（12）JB2-2-12：转向助力液的检查与更换（附表19）。

附表19 转向助力液的检查与更换作业评分标准

JB2-2-12：转向助力液的检查与更换					
考核时长：60 min	考核地点：机电维修工位		考核方式：实操		
任务描述：检查客户车辆，检查转向助力液的液位并进行更换					
操作设备：（1）客户车辆；（2）举升机；（3）扳手；（4）接油桶					
操作材料：抹布、转向助力液、车内三件套、车外三件套等					
评分标准					
考核内容		考核点及评分要求	分值	扣分	得分	备注
检查	液位检查	检查液位是否符合标准	5			
		检查转向系统管道是否有泄漏	5			
排放	准备	正确举升车辆	5			
		车辆防护	5			
		工具及用品准备	5			
	放出助力液	拧开转向助力油储油罐密封盖	5			
		松开转向助力油管路放油	5			
		用容器来收集转向助力油	5			
		将方向盘左右转动排出整个系统中的转向助力油	5			
加注	加注助力液	能描述转向助力液的型号	5			
		加注转向助力油至 MIN 与 MAX 之间	5			
		起动发动机，怠速运转发动机3分钟	5			
		左右转动方向盘，方便系统中空气排空	5			
		检查转向助力油液位是否在 MIN 与 MAX 之间	5			
		液位不足进行添加并拧紧储油罐密封盖	5			
		储油罐及管道清洁	5			
安全与素养		操作步骤和标准是否查询维修手册	5			
		是否造成人身伤害	5			
		是否造成设备损坏	5			
		是否完成场地 6S	5			
合计			100			

(13)JB2-2-13：蓄电池的检测与更换(附表20)。

附表20 蓄电池的检测与更换作业评分标准

JB2-2-13：蓄电池的检测与更换

考核时长：30 min	考核地点：机电维修工位	考核方式：实操

任务描述：检测车辆的蓄电池性能并进行更换

操作设备：(1)客户车辆；(2)蓄电池检测仪；(3)万用表；(4)常用工具一套

操作材料：抹布、车辆防护件等

评分标准

考核内容		考核点及评分要求	分值	扣分	得分	备注
检测	蓄电池性能检测	检查蓄电池外观是否正常	2			
		检查蓄电池极桩线束连接是否正常	2			
		检查蓄电池静态电压	5			
		正确连接蓄电池性能检测仪	5			
		正确选择测试项目	5			
		正确选择蓄电池型式	5			
		正确设置蓄电池规格	5			
		能描述检测结果	5			
拆卸	准备	车辆防护	2			
		工具及用品准备	2			
	拆下蓄电池	关闭点火开关及所有用电器	5			
		断开蓄电池负极电缆端头	5			
		断开蓄电池正极电缆端头	5			
		拆卸蓄电池固定螺丝	5			
		正确取出蓄电池	2			
安装	安装蓄电池	正确放入蓄电池	5			
		安装蓄电池固定螺丝	2			
		安装蓄电池正极电缆	5			
		安装蓄电池负极电缆	3			
		能正确描述接线柱固定螺母的拧紧力矩	5			

续附表 20

考核内容	考核点及评分要求	分值	扣分	得分	备注
安全与素养	操作步骤和标准是否查询维修手册	5			
	是否造成人身伤害	5			
	是否造成设备损坏	5			
	是否完成场地 6S	5			
合计		100			

(14)JB2-2-14：空气滤芯及空调滤芯的检查与更换(附表21)。

附表 21　空气滤芯及空调滤芯的检查与更换作业评分标准

JB2-2-14：空气滤芯及空调滤芯的检查与更换

考核时长：30 min	考核地点：机电维修工位	考核方式：实操

任务描述：车辆的空气滤芯及空调滤芯的检查与更换

操作设备：(1)客户车辆；(2)常用工具一套

操作材料：抹布、空气滤芯及空调滤芯、车辆防护件等

评分标准

考核内容		考核点及评分要求	分值	扣分	得分	备注
拆装	准备	车辆防护	5			
		工具及用品准备	5			
	更换空气滤芯	旋出空滤进气管的螺栓	5			
		脱开曲轴箱通风管与空滤出气管的连接	5			
		脱开空滤出气管与空气滤清器的连接	2			
		取出空气滤清器上壳体	3			
		取出空气滤清器滤芯	5			
		安装空气滤清器滤芯	5			
		安装壳体及进气管道	5			
		描述空气滤清器滤芯安装的方向	5			

续附表 21

考核内容		考核点及评分要求	分值	扣分	得分	备注
拆装	更换空调滤芯	拆卸手套箱总成	5			
		取下空调滤芯盖板	5			
		取出空调滤芯	5			
		安装空调滤芯	5			
		安装空调滤芯盖板	5			
		安装手套箱总成	5			
		描述空调滤芯安装的方向	5			
安全与素养		操作步骤和标准是否查询维修手册	5			
		是否造成人身伤害	5			
		是否造成设备损坏	5			
		是否完成场地 6S	5			
合计			100			

3.JB2-3：汽车零部件拆装作业

（1）JB2-3-1：传动带的检查与更换（附表 22）。

附表 22　传动带的检查与更换作业评分标准

JB2-3-1：传动带的检查与更换		
考核时长：60 min	考核地点：机电维修工位	考核方式：实操
任务描述：（1）完成传动带的检查与更换；（2）填写维修工单		
操作设备：（1）客户车辆；（2）150 件套装工具；（3）指针式扭力扳手；（4）专用工具		
操作材料：传动带、抹布、手套、车内三件套、车外三件套等		

评分标准					
考核内容	考核点及评分要求	分值	扣分	得分	备注
作业准备	工作服与安全鞋，女性要求戴帽	1			
	车辆信息填写	1			

续附表 22

考核内容		考核点及评分要求	分值	扣分	得分	备注
维修手册使用	关键数据使用维修手册确认	查询传动皮带的更换步骤	1			
		查询动力转向泵皮带的更换步骤	1			
		查询前舱挡泥板的更换步骤	1			
传动带的检查与更换	操作步骤	安装座椅、地板、方向盘三件套	2			
		降下主驾驶车窗玻璃	2			
		安装车外三件套	2			
		确保点火开关处于关闭状态	2			
		拆下动力转向泵皮带	4			
		举升并支撑车辆	4			
		拆下前舱挡泥板	4			
		逆时针释放传动皮带张紧器并将其锁止	5			
		拆下传动皮带	4			
		检查传动皮带	4			
		安装传动皮带	4			
		逆时针转动释放对张紧器的张紧力，取下专用工具	5			
		顺时针转动向张紧器施加张紧力	4			
		安装前舱挡泥板	4			
		降下车辆	4			
		安装动力转向泵皮带	5			
	否决项	造成新的传动皮带有油污染				
作业后整理	清洁工具、工作台、场地等	清洁车辆	2			
		用过的清洁布、车内三件套等放入垃圾桶	1			
作业规范	按规定流程和方法进行作业	流程清楚，方法正确	3			

续附表22

考核内容		考核点及评分要求	分值	扣分	得分	备注
安全与6S	整个工作过程中的安全与6S	场地整洁，物品摆放有序	5			
		无安全问题	5			
维修工单		按要求填写，记录值准确	20			
合计			100			

(2)JB2-3-2：轮胎拆装与动平衡（附表23）。

附表23　轮胎拆装与动平衡作业评分标准

JB2-3-2：轮胎拆装与动平衡

考核时长：60 min	考核地点：机电维修工位	考核方式：实操

任务描述：(1)完成指定轮胎的拆装与动平衡操作；(2)填写维修工单

操作设备：(1)客户车辆；(2)拆胎机；(3)车轮动平衡仪；(4)通用工具

操作材料：抹布、手套、车内三件套、车外三件套等

评分标准

考核内容		考核点及评分要求	分值	扣分	得分	备注
作业准备		工作服与安全鞋，女性要求戴帽	2			
		车辆信息填写	1			
		工具、备件检查	2			
维修手册使用	关键数据使用维修手册确认	查询轮胎的拆装与动平衡的步骤	5			
		查询车轮固定螺栓的扭矩	5			
轮胎的拆装与动平衡	操作步骤	安装座椅、地板、方向盘三件套	3			
		降下主驾驶车窗玻璃	2			
		安装车外三件套	3			
		挂P挡(手动挂空挡)，启用驻车制动	2			
		放置车轮挡块	2			
		正确的拆卸车轮	3			
		使用扒胎机正确的拆下轮胎	6			

续附表 23

考核内容		考核点及评分要求	分值	扣分	得分	备注
轮胎的拆装与动平衡	操作步骤	使用扒胎机正确的安装轮胎	6			
		使用动平衡仪对车轮进行动平衡测试	10			
		对车轮进行配重调整	5			
		正确的安装车轮并拧至规定力矩	3			
	否决项	操作过程中造成人员或者工具设备损伤				本次考核计 0 分
		不按要求进行危险操作，裁判可终止考核				
作业后整理	清洁工具、工作台、场地等	清洁车辆	2			
		用过的清洁布、车内三件套等放入垃圾桶	3			
作业规范	按规定流程和方法进行作业	流程清楚，方法正确	5			
安全与 6S	整个工作过程中的安全与 6S	场地整洁，物品摆放有序	5			
		无安全问题	5			
维修工单		按要求填写，记录值准确	20			
合计			100			

（3）JB2-3-3：轮毂轴承的检查与拆装（附表 24）。

附表 24　轮毂轴承的检查与拆装作业评分标准

JB2-3-3：轮毂轴承的检查与拆装		
考核时长：60 min	考核地点：机电维修工位	考核方式：实操
任务描述：（1）完成轮毂轴承的检查与拆装；（2）填写维修工单		
操作设备：（1）客户车辆；（2）150 件套装工具；（3）通用工具；（4）轮毂轴承固定螺栓专用套筒		
操作材料：抹布、手套、车内三件套、车外三件套等		

续附表 24

评分标准						
考核内容		考核点及评分要求	分值	扣分	得分	备注
作业准备		工作服与安全鞋，女性要求戴帽	2			
		车辆信息填写	1			
		工具、备件检查	2			
维修手册使用	关键数据使用维修手册确认	查询轮毂轴承的拆装流程	5			
		查询轮毂轴承固定螺栓的扭矩	5			
轮毂轴承的检查与拆装	操作步骤	安装座椅、地板、方向盘三件套	2			
		降下主驾驶车窗玻璃	2			
		安装车外三件套	2			
		挂 P 挡(手动挂空挡)，启用驻车制动	2			
		放置车轮挡块	2			
		正确拆卸车轮	2			
		正确操作举升机举升至合适位置	2			
		正确拆卸轮毂轴承固定螺栓	6			
		取下轮毂轴承并进行目测检查	8			
		正确安装轮毂轴承	8			
		将轮毂轴承固定螺栓拧至规定力矩	5			
		安装车轮并将车轮固定螺栓拧至规定力矩	2			
		操作举升机，放下车辆	2			
	否决项	操作过程中造成人员或者工具设备损伤				本次考核计 0 分
		不按要求进行危险操作，裁判可终止考核				
作业后整理	清洁工具、工作台、场地等	清洁车辆	2			
		用过的清洁布、车内三件套等放入垃圾桶	3			

续附表 24

考核内容		考核点及评分要求	分值	扣分	得分	备注
作业规范	按规定流程和方法进行作业	流程清楚, 方法正确	5			
安全与6S	整个工作过程中的安全与6S	场地整洁, 物品摆放有序	5			
		无安全问题	5			
维修工单		按要求填写, 记录值准确	20			
合计			100			

(4)JB2-3-4：减震器的检查与更换(附表 25)。

附表 25　减震器的检查与更换作业评分标准

JB2-3-4：减震器的检查与更换		
考核时长：60 min	考核地点：机电维修工位	考核方式：实操

任务描述：(1)完成减震器的检查与更换；(2)填写维修工单

操作设备：(1)客户车辆；(2)150 件套装工具；(3)通用工具；(4)减震器拆装专用工具

操作材料：抹布、手套、车内三件套、车外三件套等

评分标准						
考核内容		考核点及评分要求	分值	扣分	得分	备注
作业准备		工作服与安全鞋, 女性要求戴帽	2			
		车辆信息填写	1			
		工具、备件检查	2			
维修手册使用	关键数据使用维修手册确认	查询减震器的拆装流程	5			
		查询减震器固定螺栓的扭矩	5			

续附表 25

考核内容		考核点及评分要求	分值	扣分	得分	备注
减震器的检查与更换	操作步骤	安装座椅、地板、方向盘三件套	2			
		降下主驾驶车窗玻璃	2			
		安装车外三件套	2			
		挂 P 挡(手动挂空挡),启用驻车制动	2			
		放置车轮挡块	2			
		正确拆卸车轮	2			
		正确操作举升机举升至合适位置	2			
		正确拆卸减震器固定螺栓	6			
		取下减震器并进行检查	8			
		正确安装新的减震器	8			
		将减震器固定螺栓拧至规定力矩	5			
		安装车轮并将车轮固定螺栓拧至规定力矩	2			
		操作举升机,放下车辆	2			
	否决项	操作过程中造成人员或者工具设备损伤				本次考核计 0 分
		不按要求进行危险操作,裁判可终止考核				
作业后整理	清洁工具、工作台、场地等	清洁车辆	2			
		用过的清洁布、车内三件套等放入垃圾桶	3			
作业规范	按规定流程和方法进行作业	流程清楚,方法正确	5			
安全与 6S	整个工作过程中的安全与 6S	场地整洁,物品摆放有序	5			
		无安全问题	5			
维修工单		按要求填写,记录值准确	20			
合计			100			

（5）JB2-3-5：前后车窗雨刮片的更换（附表26）。

附表26　前后车窗雨刮片的更换作业评分标准

JB2-3-5：前后车窗雨刮片的更换					
考核时长：30 min		考核地点：机电维修工位		考核方式：实操	
任务描述：（1）完成前后车窗雨刮片的更换；（2）填写维修工单					
操作设备：（1）客户车辆；（2）150件套装工具					
操作材料：雨刮片、抹布、手套、车内三件套、车外三件套等					
评分标准					
考核内容		考核点及评分要求	分值	扣分	得分	备注
作业准备		工作服与安全鞋，女性要求戴帽	1			
作业准备		车辆信息填写	1			
维修手册使用	关键数据使用维修手册确认	查询雨刮片的更换步骤	5			
前后车窗雨刮片的更换	操作步骤	安装座椅、地板、方向盘三件套	4			
		降下主驾驶车窗玻璃	3			
		安装车外三件套	5			
		确保点火开关处于关闭状态	5			
		保持住雨刮臂并分离挡风玻璃雨刮臂刮片锁	5			
		将挡风玻璃雨刮臂刮片从雨刮臂羊钩上向后拉，拆下雨刮器片	5			
		安装雨刮片	5			
		接合挡风玻璃雨刮臂刮片锁	5			
		检查洗涤器喷水位置	5			
		检查洗涤器喷嘴孔是否堵塞	5			
		依据实际情况调整洗涤器喷水位置	5			
		加注洗涤器洗涤液	5			
	否决项	挡风玻璃雨刮臂敲击挡风玻璃				

续附表 26

考核内容		考核点及评分要求	分值	扣分	得分	备注
作业后整理	清洁工具、工作台、场地等	清洁车辆	2			
		用过的清洁布、车内三件套等放入垃圾桶	1			
作业规范	按规定流程和方法进行作业	流程清楚，方法正确	3			
安全与 6S	整个工作过程中的安全与 6S	场地整洁，物品摆放有序	5			
		无安全问题	5			
维修工单		按要求填写，记录值准确	20			
合计			100			

(6)JB2-3-6：起动机的检测与更换(附表 27)。

附表 27 起动机的检测与更换作业评分标准

JB2-3-6：起动机的检测与更换

考核时长：60 min	考核地点：机电维修工位	考核方式：实操

任务描述：检查车辆的起动机并进行更换

操作设备：(1)客户车辆；(2)万用表；(3)常用工具一套

操作材料：抹布、车辆防护件等

评分标准

考核内容		考核点及评分要求	分值	扣分	得分	备注
拆卸	准备	车辆防护	5			
		工具及用品准备	5			
	拆卸起动机	关闭点火开关及所有用电器	5			
		断开蓄电池负极电缆端头	5			
		脱开起动机电磁开关护罩	5			
		断开起动机供电控制线束插头	5			
		旋出起动机供电线束的固定螺母	2			
		旋出起动机总成的固定螺栓	3			
		正确取出起动机总成	5			

续附表 27

考核内容		考核点及评分要求	分值	扣分	得分	备注
检查	检查起动机	检查起动机外观是否正常	5			
		检查起动机小齿轮及离合器是否正常	5			
		检查起动机磁力开关是否正常	5			
		检测磁力开关线圈电阻值是否正常	5			
安装	安装起动机	正确装入起动机	2			
		安装起动机总成的固定螺栓	5			
		安装起动机供电控制线束及插头，安装蓄电池负极电缆端头	3			
		能描述起动机固定螺栓的拧紧力矩	5			
		安装完成后检验起动机运转是否正常	5			
安全与素养		操作步骤和标准是否查询维修手册	5			
		是否造成人身伤害	5			
		是否造成设备损坏	5			
		是否完成场地 6S	5			
合计			100			

(7)JB2-3-7：发电机的检测与更换(附表 28)。

附表 28　发电机的检测与更换作业评分标准

JB2-3-7：发电机的检测与更换

考核时长：60 min	考核地点：机电维修工位	考核方式：实操
任务描述：检查车辆的发电机并进行更换		
操作设备：(1)客户车辆；(2)万用表；(3)常用工具一套		
操作材料：抹布、车辆防护件等		

续附表 28

		评分标准				
考核内容		考核点及评分要求	分值	扣分	得分	备注
拆卸	准备	车辆防护	5			
		工具及用品准备	5			
	拆卸发电机	关闭点火开关及所有用电器	5			
		断开蓄电池负极电缆端头	5			
		旋出接线柱螺母	2			
		取下控制线束插头	3			
		旋松发电机固定螺栓	5			
		逆时针旋转发电机总成调节螺栓	5			
		脱开皮带发电机总成的连接，取下发电机	5			
检查	检查发电机	检查发电机外观是否正常	3			
		发电机轴承检查	5			
		发电机静态检测	5			
安装	安装发电机	正确装入发电机	2			
		安装发电机总成的固定螺栓	2			
		安装发电机皮带并调节张紧度	5			
		能描述发电机皮带张紧度检查的方法	5			
		安装起动机供电控制线束及插头，安装蓄电池负极电缆端头	3			
		安装完成后检验起动机运转是否正常	5			
		检查充电指示灯是否正常	5			
安全与素养		操作步骤和标准是否查询维修手册	5			
		是否造成人身伤害	5			
		是否造成设备损坏	5			
		是否完成场地 6S	5			
合计			100			

（8）JB2-3-8：更换麦弗逊悬架下摆臂总成（附表29）。

附表29　更换麦弗逊悬架下摆臂总成作业评分标准

JB2-3-8：更换麦弗逊悬架下摆臂总成						
考核时长：60 min		考核地点：机电维修工位		考核方式：实操		
任务描述：（1）完成更换麦弗逊悬架下摆臂总成；（2）填写维修工单						
操作设备：（1）工作台；（2）垃圾桶；（3）150件套装工具；（4）预置式扭力扳手；（5）LED头灯；（6）灭火装置；（7）实训车辆；（8）专用工具；（9）下摆臂球节拉拔器；（10）横拉杆外球节拉拔器；（11）橡皮锤；（12）游标卡尺；（13）钢板尺						
操作材料：抹布、手套、毛刷、零件盒、记号笔、车内外三件套等						
评分标准						
考核内容		考核点及评分要求	分值	扣分	得分	备注
作业准备		工作服与安全鞋，女性要求戴帽	2			
		车辆信息填写	1			
		工具、备件检查	2			
维修手册使用	关键数据使用维修手册确认	查询操作流程	2			
		查询技术参数	2			
更换麦弗逊悬架下摆臂总成	操作步骤	安装车内外三件套	2			
		举升机顶举车辆位置正确，预举车辆，轮胎螺栓卸力	3			
		顶举前拉紧手刹	3			
		车辆顶举高度合适	3			
		车辆举升完成后举升机保险锁止	3			
		对角松开轮胎螺母	2			
		轮胎放置正确	2			
		拆卸横向稳定杆稳定连接杆	2			
		拆卸转向横拉杆外球节锁止螺母	2			
		使用SST分离转向横拉杆外球节	2			
		拆卸下摆臂球节锁止螺母	2			
		使用SST分离下摆臂球节	3			

续附表 29

考核内容		考核点及评分要求	分值	扣分	得分	备注
更换麦弗逊悬架下摆臂总成	操作步骤	拆卸下摆臂固定螺栓	2			
		正确取下下摆臂	2			
		检查球节	3			
		检查胶套	3			
		检查下摆臂是否变形	3			
		安装下摆臂及球节总成	2			
		安装下摆臂固定螺栓	2			
		安装下摆臂球节	2			
		安装下摆臂球节锁止螺母	2			
		安装转向横拉杆外球节	2			
		安装转向横拉杆外球节锁止螺母	2			
		安装横向稳定杆稳定连接杆	2			
		检查安装效果	3			
		安装车轮用手拧入所有轮胎螺栓	3			
		对角依次预紧轮胎螺母	3			
		操作举升机降下车辆	3			
		用扭力扳手将轮胎螺母紧固	3			
	否决项	操作过程中造成人员或者工具设备损伤				本次考核计 0 分
		不按要求进行危险操作,裁判可终止考核				
作业后整理	清洁工具、工作台、场地、设备等	清洁	2			
		用过的清洁布、车内三件套等放入垃圾桶	2			
作业规范	按规定流程和方法进行作业	流程清楚,方法正确	2			
安全与 6S	整个工作过程中的安全与 6S	场地整洁,物品摆放有序	2			
		无安全问题	2			
维修工单		按要求填写,记录准确	10			
合计			100			

(9)JB2-3-9：主驾驶座安全气囊的拆装(附表30)。

附表30　主驾驶座安全气囊的拆装作业评分标准

JB2-3-9：主驾驶座安全气囊的拆装						
考核时长：60 min		考核地点：机电维修工位		考核方式：实操		
任务描述：(1)完成主驾驶座安全气囊的拆装；(2)填写维修工单						
操作设备：(1)客户车辆；(2)150 件套装工具；(3)预置式扭力扳手；(4)LED 头灯						
操作材料：抹布、手套、车内三件套、车外三件套等						
评分标准						
考核内容		考核点及评分要求	分值	扣分	得分	备注
作业准备		工作服与安全鞋，女性要求戴帽	3			
		车辆信息填写	5			
维修手册使用	关键数据使用维修手册确认	查询安全气囊系统方向盘模块的更换步骤	3			
		查询安全气囊系统的解除和启用步骤	3			
主驾驶安全气囊的拆装	操作步骤	安装座椅、地板、方向盘三件套	3			
		降下主驾驶车窗玻璃	3			
		安装车外三件套	3			
		转动方向盘，使车轮处于正向前位置	3			
		确保点火开关处于关闭状态	3			
		拆下向诊断模块供电的保险丝	3			
		将蓄电池负极电缆从蓄电池上断开，等待 1 min	3			
		将适当的工具插入方向盘两侧的开口中，松开弹簧	3			
		断开电气连接器	3			
		将有效的充气模块放置于任何表面上时请确保气囊和装饰盖面朝上，拿取有效的充气模块时，确保安全气囊开口背向操作人员	3			

续附表 30

考核内容		考核点及评分要求	分值	扣分	得分	备注
主驾驶安全气囊的拆装	操作步骤	连接电气连接器	3			
		将方向盘模块紧固件对准转向柱紧固件孔	3			
		将方向盘模块按入转向柱中,使紧固件接合	3			
		将点火开关置于 OFF 位置	3			
		安装保险丝	3			
		将蓄电池负极电缆连接到蓄电池上	3			
		将点火开关置于 ON 位置,"AIR BAG(安全气囊)"指示灯将闪烁,然后熄灭	3			
作业后整理	清洁工具、工作台、场地等	清洁车辆	3			
		用过的清洁布、车内三件套等放入垃圾桶	2			
作业规范	按规定流程和方法进行作业	流程清楚,方法正确	5			
安全与 6S	整个工作过程中的安全与 6S	场地整洁,物品摆放有序	5			
		无安全问题	5			
维修工单		按要求填写,记录值准确	15			
合计			100			

(三)岗位核心能力模块

1. HX3-1:发动机检测作业

(1)HX3-1-1:活塞连杆组的拆装与检测(附表 31)。

附表 31　活塞连杆组的拆装与检测作业评分标准

HX3-1-1：活塞连杆组的拆装与检测		
考核时长：60 min	考核地点：机电维修工位	考核方式：实操

任务描述：(1)完成活塞连杆组的拆装与检测；(2)填写维修工单

操作设备：(1)工作台；(2)垃圾桶；(3)150 件套装工具；(4)预置式扭力扳手；(5)LED 头灯；(6)灭火装置；(7)发动机翻转架(发动机型号：通用 LED)；(8)专用工具；(9)活塞环钳；(10)外径千分尺；(11)橡皮锤；(12)游标卡尺；(13)吹尘枪

操作材料：抹布、手套、毛刷、零件盒、记号笔、环保型清洗材料等

评分标准

考核内容		考核点及评分要求	分值	扣分	得分	备注
作业准备		工作服与安全鞋，女性要求戴帽	2			
		车辆信息填写	1			
		工具、备件检查	2			
维修手册使用	关键数据使用维修手册确认	查询操作流程	2			
		查询技术参数	2			
活塞连杆组的拆装与检测	操作步骤	确定气缸内径基本尺寸	8			
		测量活塞直径	8			
		计算气缸与活塞配合间隙	8			
		测量活塞环开口端隙、侧隙	8			
		组装活塞环	8			
		将活塞装入气缸	8			
		活塞偏缸检查	8			
		拆下活塞连杆组	8			
		调整气缸体上平面朝上	7			
	否决项	操作过程中造成人员或者工具设备损伤				本次考核计 0 分
		不按要求进行危险操作，裁判可终止考核				
作业后整理	清洁工具、工作台、场地、设备等	清洁	2			
		用过的清洁布、车内三件套等放入垃圾桶	2			

续附表 31

考核内容		考核点及评分要求	分值	扣分	得分	备注
作业规范	按规定流程和方法进行作业	流程清楚，方法正确	2			
安全与 6S	整个工作过程中的安全与 6S	场地整洁，物品摆放有序	2			
		无安全问题	2			
维修工单		按要求填写，记录准确	10			
合计			100			

（2）HX3-1-2：气缸盖拆装与检测（附表 32）。

附表 32　气缸盖拆装与检测作业评分标准

HX3-1-2：气缸盖拆装与检测

考核时长：60 min	考核地点：机电维修工位	考核方式：实操

任务描述：（1）完成气缸盖拆装与检测；（2）填写维修工单

操作设备：（1）工作台；（2）垃圾桶；（3）150 件套装工具；（4）预置式扭力扳手；（5）LED 头灯；（6）灭火装置；（7）发动机及翻转架（发动机型号：通用 LED）；（8）专用工具；（9）刀口尺；（10）塞尺尺；（11）角度规；（12）吹尘枪

操作材料：抹布、手套、毛刷、零件盒、记号笔、环保型清洗材料等

评分标准

考核内容	考核点及评分要求		分值	扣分	得分	备注
作业准备	工作服与安全鞋，女性要求戴帽		3			
	发动机信息填写		2			
	发动机翻转架		2			
	检查确认工量具		2			
维修手册的使用	气缸盖的拆卸步骤					
	气缸盖的清洁与检查		2			
	气缸盖的装配		2			
	气缸盖螺栓装配力矩		2			

续附表 32

考核内容		考核点及评分要求		分值	扣分	得分	备注
气缸盖拆装与检测	拆卸	拆卸气缸盖螺栓	(1) 拆卸顺序为由外到内；(2) 分两次卸力，第一次 90°，第二次 180°	8			
		拆下气缸盖	放置在合适的基座上	3			
		拆下气缸盖衬垫		2			
	清洁与检查	清洁气缸盖	气枪清洁	2			
		检查气缸盖衬垫和接合面	是否泄漏、腐蚀或窜气	3			
		检查气缸盖衬垫表面	气门座之间的区域开裂，需更换气缸盖	3			
			各燃烧室周围 4 mm 区域内有腐蚀，更换气缸盖	3			
		清洁气缸盖螺栓	更换所有可疑的螺栓	3			
		清洁气缸盖	清除裸露的金属表面上的所有清漆、烟灰和积碳	3			
		清洁螺纹孔	清除残余密封胶	3			
	检测	气缸盖平面度检查	横向与对角平面度误差不超 0.1 mm，纵向不超过 0.05 mm	3			
			要从透光处测量	5			
	安装	清洁密封面		3			
		安装气缸盖衬垫	需更换	4			
		安装气缸盖	安装新的气缸盖螺栓，由内至外坚固，25 N·m +90°+90°+90°+45°	8			
	否决项		造成人身伤害				

续附表32

考核内容	考核点及评分要求	分值	扣分	得分	备注
作业后 整理	清洁发动机台架、工作台并归位	2			
	用过的清洁布等放入垃圾桶	2			
作业规范	流程清楚，方法正确	3			
安全与6S	场地整洁，物品摆放有序，无安全问题	5			
维修工单	按要求填写，记录值准确	15			
合计		100			

(3)HX3-1-3：气缸磨损检测(附表33)。

附表33　气缸磨损检测作业评分标准

HX3-1-3：气缸磨损检测

考核时长：60 min	考核地点：机电维修工位	考核方式：实操

任务描述：(1)完成气缸磨损检测；(2)填写维修工单

操作设备：(1)工作台；(2)垃圾桶；(3)150件套装工具；(4)预置式扭力扳手；(5)LED头灯；(6)灭火装置；(7)发动机及翻转架(发动机型号：通用LED)；(8)专用工具；(9)活塞环钳；(10)量缸表；(11)橡皮锤；(12)游标卡尺；(13)外径千分尺；(14)吹尘枪

操作材料：抹布、手套、毛刷、零件盒、记号笔、环保型清洗材料等

评分标准

考核内容	考核点及评分要求		分值	扣分	得分	备注
作业准备	工作服与安全鞋，女性要求戴帽		3			
	发动机信息填写		2			
	发动机翻转架	检查发动机台架牢固度	2			
	检查确认工量具		2			
维修手册 的使用	气缸直径标准数据		3			
	气缸圆度标准数据		3			
	气缸圆柱度标准数据		3			

续附表 33

考核内容		考核点及评分要求		分值	扣分	得分	备注
气缸磨损检测	内径尺寸	清洁发动机缸体上平面、气缸筒	使用抹布与气枪清洁发动机缸体上平面、气缸筒	5			
		确定气缸内径基本尺寸	清洁并校准游标卡尺,使用游标卡尺测量气缸内径基本尺寸为 90 mm	5			
	测量	组装气缸内径量表	选择 80~90 mm 长度测量杆,组装内径量表,将千分尺设定为 90 mm,将千分尺夹在台钳上,校准量缸表	20			
		清洁气缸筒内表面	使用抹布或气枪清洁气缸筒内表面	5			
		测量气缸内径	在距离气缸上平面 10 mm、50 mm、100 mm 三个平面,横向、纵向共六个位置测量指定气缸的内径,并记录	20			
	否决项		造成人身伤害,量缸表掉落	/			
作业后整理	清洁发动机台架、工作台并归位			2			
	用过的清洁布等放入垃圾桶			2			
作业规范	流程清楚,方法正确			3			
安全与 6S	场地整洁,物品摆放有序,无安全问题			5			
维修工单	按要求填写,记录值准确			15			
合计				100			

(4)HX3-1-4:曲轴拆装与检测(附表 34)。

附表34　曲轴拆装与检测作业评分标准

HX3-1-4：曲轴拆装与检测

考核时长：60 min	考核地点：机电维修工位	考核方式：实操

任务描述：（1）完成曲轴拆装与检测；（2）填写维修工单

操作设备：（1）工作台；（2）垃圾桶；（3）150件套装工具；（4）预置式扭力扳手；（5）LED头灯；（6）灭火装置；（7）发动机及翻转架（发动机型号：通用 LED）；（8）专用工具；（9）活塞环钳；（10）角度规；（11）橡皮锤；（12）带磁体支架百分表；（13）外径千分尺；（14）吹尘枪；（15）百分表加长杆

操作材料：抹布、手套、毛刷、零件盒、记号笔、塑料间隙规、环保型清洗材料等

评分标准

考核内容		考核点及评分要求		分值	扣分	得分	备注
作业准备		工作服与安全鞋，女性要求戴帽		3			
		发动机信息填写		2			
		发动机翻转架	检查发动机台架牢固度	2			
		检查确认工量具		2			
维修手册的使用		曲轴和轴承的拆卸		1			
		曲轴轴向间隙；曲轴不圆度；曲轴主轴承间隙；轴颈直径		4			
		曲轴和轴承的清洁和检查		1			
		曲轴和轴承的安装		1			
曲轴拆装与检测	测量曲轴轴向间隙	检查曲轴转动灵活性	使用活动扳手或套筒扳手，转动发动机曲轴，检查曲轴转动无卡滞	3			
		清洁发动机曲轴前端面	使用抹布或气枪清洁发动机曲轴前端面	2			
		安装百分表	检查百分表指针转动灵活无卡滞，组装磁力百分表座，将百分表座吸附到发动机缸体前端	3			

续附表 34

考核内容			考核点及评分要求	分值	扣分	得分	备注
曲轴拆装与检测	测量曲轴轴向间隙	测量曲轴轴向间隙	使用缠胶带的一字螺丝刀,在第三道主轴承盖前后撬动曲轴,观察百分表数值,记录测量值	3			
		拆卸百分表	将磁性百分表座从缸体前端拆下	2			
	测量曲轴不圆度	拆卸曲轴主轴承螺栓	使用指针扳手、E16 套筒,分两次按顺序松开 5 道主轴承盖螺栓	2			
		取下 5 道主轴承盖	前后、左右晃动螺栓,取下 1 到 5 道主轴承盖,并放置到工作台上	2			
		清洁第三道曲轴主轴颈表面	使用抹布或气枪清洁第三道主轴颈表面	2			
		安装百分表	将磁性百分表座吸附到缸体下平面上,表头触针垂直于曲轴轴颈,调整百分表压缩 1 mm 左右,表头调零	3			
		测量并记录曲轴不圆度	转动曲轴,同时读取并记录曲轴不圆度	3			
		拆下百分表	将磁性百分表座从缸体平面拆下并归位	2			
	测量曲轴主轴承间隙	清洁曲轴测量表面	使用抹布或气枪清洁曲轴测量表面	2			
		放置塑料间隙规	选取合适长度塑料间隙规,平行放置在曲轴表面	2			
		安装 1 到 5 道主轴承盖	清洁主轴承盖内表面,将 1 到 5 道主轴承盖安装到缸体上,用手旋入 10 个固定螺栓	3			

续附表34

考核内容			考核点及评分要求	分值	扣分	得分	备注
曲轴拆装与检测	测量曲轴主轴承间隙	紧固主轴承盖螺栓	分别使用预置式与指针式扭力扳手、角度规，分两次紧固螺栓 第一次：20 N·m 第二次：35°	3			
		松开并取下5道主轴承盖	使用指针扳手，E16套筒，分两次按顺序松开5道主轴承盖螺栓	3			
			前后、左右晃动螺栓，取下1到5道主轴承盖，并放置到工作台上	2			
		测量主轴承间隙	测量并记录曲轴主轴承间隙	3			
	测量曲轴轴颈	测量5道曲轴轴颈直径	避开油道	3			
	安装主轴承盖	安装1到5道主轴承盖	清洁主轴承盖内表面，在轴承盖轴承内表面涂抹润滑油，将1到5道主轴承盖安装到缸体上，用手旋入10个固定螺栓	3			
		紧固主轴承盖螺栓	分别使用预置式与指针式扭力扳手，分两次紧固螺栓 第一次：20 N·m 第二次：35°	3			
	确认曲轴转动灵活性		转动曲轴，检查曲轴转动灵活，无卡滞	2			
	恢复发动机缸体位置		转动发动机台架手柄，将发动机缸体调整至上平面朝上位置	1			
	否决项		造成人身伤害，曲轴从台架上掉落	/			
作业后整理			清洁发动机台架、工作台并归位	2			
			用过的清洁布等放入垃圾桶	2			

续附表34

考核内容	考核点及评分要求	分值	扣分	得分	备注
作业规范	流程清楚，方法正确	3			
安全与6S	场地整洁，物品摆放有序，无安全问题	5			
维修工单	按要求填写，记录值准确	15			
合计		100			

（5）HX3-1-5：气门机构拆装与检测（附表35）。

附表35　气门机构拆装与检测作业评分标准

HX3-1-5：气门机构拆装与检测		
考核时长：60 min	考核地点：机电维修工位	考核方式：实操

任务描述：（1）完成气门机构拆装与检测；（2）填写维修工单

操作设备：（1）工作台；（2）垃圾桶；（3）150件套装工具；（4）预置式扭力扳手；（5）LED头灯；（6）灭火装置；（7）发动机及翻转架（发动机型号：通用LED）；（8）专用工具；（9）高度尺；（10）角度规；（11）橡皮锤；（12）气门弹簧拆装工具；（13）外径千分尺；（14）吹尘枪；（15）气门机构零件定位摆放板；（16）钢尺

操作材料：抹布、吸油纸、机油、红印油（英雄牌）、手套、毛刷、零件盒、记号笔、环保型清洗材料、发动机维修包或气门油封套件等

评分标准					
考核内容	考核点及评分要求		分值	扣分	得分	备注
---	---	---	---	---	---	---
作业准备	工作服与安全鞋，女性要求戴帽		3			
	发动机信息填写		2			
	发动机翻转架	检查发动机台架牢固度	2			
	检查确认工量具		2			
维修手册的使用	凸轮轴拆卸与安装		1			
	气门的拆卸与安装		1			
	确认气门长度标准值		1			
	确认气门头部直径标准值		1			
	确认气门接触面、气缸盖面标准值		1			

续附表 35

考核内容			考核点及评分要求	分值	扣分	得分	备注
气门机构拆装检测	拆卸凸轮轴及轴承盖	按照拆卸顺序松开第一道凸轮轴轴承盖螺栓	使用合适的工具按图示顺序释放，分两次拧松1号凸轮轴盖力矩。拆下4颗螺栓后用塑料锤轻敲已松开凸轮轴盖并将其拆下，敲打时用手扶住防止掉落	3			
		检查进排气凸轮轴轴承盖标记	检查确认进排气凸轮抽盖标记是否正确；确认配气凸轮正时(注意尾部缺口朝上，一缸凸圆朝外)	2			
		按照拆卸顺序松开排气凸轮抽轴承盖螺栓，取下排气凸轮轴，放置到工作台托架上	确认排气凸轮轴轴承盖标记。使用合适工具以1/2至1圈的增量此外到内螺旋试一次4个排气门凸轮轴轴承盖螺栓固定力矩。拆下4个排气凸轮轴轴承盖螺栓，注意螺栓不能互换。从汽缸盖上拆下4个排气凸轮轴轴承盖6至9，并依次摆放至工作台上(零件盆中)。取下排气凸轮轴并摆放到凸轮轴专用支架上，注意轻拿轻放	3			
		按照拆卸顺序松开进气凸轮抽轴承盖螺栓，取下进气凸轮轴，放置到工作台托架上	确认进气凸轮轴轴承盖标记。用合适工具以1/2至1圈的增量此外到内螺旋试一次4个进气门凸轮轴轴承盖螺栓固定力矩。拆下4个进气凸轮轴轴承盖螺栓，注意螺栓不能互换。从汽缸盖上拆下4个进气凸轮轴轴承盖2至5，并依次摆放至工作台上(零件盆中)。取下进气凸轮轴并摆放到凸轮轴专用支架上，注意轻拿轻放	3			
	拆卸气门挺柱	拆卸气门挺柱	使用专用磁铁棒逐一拆下进排气门挺柱，并在零部件板上按照规定位置摆放	2			

续附表35

考核内容			考核点及评分要求	分值	扣分	得分	备注
气门机构拆装检测	拆卸指定的某一气缸的全部进排气门组	使用专用工具释放松开气门座圈 拆卸该气缸的全部进排气门组	按照手册要求佩戴护目镜(含眼镜),使用专用释放工具,用橡胶锤短暂敲击气门座圈,松开该气门所有气门座圈	2			
			(1)拆卸气门锁片 安装气门拆卸工具压缩气门弹簧,气门压缩钳和压头确认安装到位。压缩气门弹簧,压缩过程需与气门弹簧受力方向一致,使用专用工具拆下气门锁片 (2)拆下指定缸的气门弹簧座圈、气门弹簧和气门 1)取下气门弹簧座圈; 2)取下气门弹簧; 3)取出气门,拆卸时在气门头部做标记,气门不可互换; 4)按对应位置摆放气门锁片、气门弹簧座圈、气门弹簧和气门 (3)取下气门油封 使用专用工具(油封钳)松开指定气门油封,并从气门导管上拆下	4			
		零件清洁与检查	气门导管清洁、气门清洁、气门弹簧清洁、气门锁片清洁、气门弹簧座圈清洁、凸轮轴清洁、凸轮轴轴承盖清洁、凸轮轴轴承盖螺栓清洁、汽缸盖清洁、清洁轴承盖安装孔、清洁气门挺柱、清洁气门座	3			

续附表35

考核内容			考核点及评分要求	分值	扣分	得分	备注
气门机构拆装检测	检查测量该气缸中指定的某一组（前或后）进排气门	进排气门外观检查	气门座部位（锥面）点蚀、气门余量厚度检查、气门杆弯曲、气门杆点蚀或严重磨损、气门锁片槽磨损、气门杆顶端磨损、清洁与记录	3			
		进排气门长度测量	使用高度尺在平台上测量	2			
		进排气门头部直径测量	外径千分尺测量，千分尺校零，测量气门头部直径，隔90°再测一次	3			
		进排气门座接触宽度测量	使用吸油纸清洁气门座表面，将红印油轻轻涂于气门锥面上。将气门安装到汽缸盖上。用足够的压力抵着气门座转动气门，以磨去染料。将气门从汽缸盖上拆下，使用头灯照明，用适当的标尺（建议使用直尺）测量汽缸盖中的带红印油痕迹的气门接触面宽度	3			
		进排气门锥面触宽度测量	使用吸油纸清洁气门锥面的印油痕迹，将气门再次插入气门导管，用足够的压力抵着气门座转动气门，以磨去染料。再次拆下气门，观察气门锥面上的红印油痕迹。用适当的标尺在气门锥面，上测量气门锥面上的接触面宽度	3			
		前排气门对气门座同心度检查	检查气门锥面红印油印痕的连续性。如果气门锥面和气门杆是同心的，则会提供正确的密封，围绕整个锥面的印痕会是连续的	3			

续附表35

考核内容			考核点及评分要求	分值	扣分	得分	备注
气门机构拆装检测	检查测量该气缸中指定的某一组(前或后)进排气门	气门锥面上气门与气门座接触面的位置检查	测量气门锥面染料印痕与气门外径的余量。染料磨去印痕至少要距离气门外径(余量)0.5 mm。如果染料磨去印痕离余量太近,必须修整气门座以使接触面离开余量	3			
	清洁零部件		使用气枪或吸油纸清洁全部零配,包括进排气凸轮轴、凸轮轴承盖和螺栓以及气门零件板上的全部零件	2			
	装配指定的某一气缸的全部进排气门组	装配该气缸气门油封	用机油润滑润滑油封,选择合适的专用工具将四个气门油封装入气门导管头部	2			
		装配该气缸的全部进排气门组件	佩戴护目镜(含眼镜)。机油润滑该缸四个气门杆端部,并插入气门导管中,正确使用气门拆装专用工具装配该气缸的全部进排气门组。安装气门拆卸工具压缩气门弹簧,气门压缩钳和压头确认安装到位。压缩气门弹簧,压缩过程需与气门弹簧受力方向一致	3			
	安装凸轮轴	润滑装配气门挺柱	润滑气门挺柱外表面或座孔,用专用(磁棒)工具逐一装入气门挺柱	2			
		安装进气凸轮轴,按照装配顺序紧固进气凸轮轴轴承盖螺栓	清洁轴承座螺栓孔和轴承座,润滑轴承座。正确的安装进气侧凸轮轴(注意尾部缺口朝上,一缸凸圆朝外)按照4个进气凸轮轴轴承盖2~5号(注意凸轮轴轴承盖编号不要错误)确认凸轮轴轴承盖上的识别标记;手动旋转螺栓一圈以上使其正确进入螺栓孔;使用棘轮扳手按规定顺序预紧;使用预制式扭力扳手按规定顺序上紧力矩至8 N·m	3			

续附表35

考核内容		考核点及评分要求	分值	扣分	得分	备注
气门机构拆装检测	安装凸轮轴	安装排气凸轮轴，按照装配顺序紧固排气凸轮轴轴承盖螺栓	清洁轴承座螺栓孔和轴承座，润滑轴承座。正确的安装排气侧凸轮轴(注意尾部缺口朝上，一缸凸圆朝外)按照4个排气凸轮轴轴承盖6~9号(注意凸轮轴轴承盖编号不要错误)确认凸轮轴轴承盖上的识别标记；手动旋转螺栓一圈以上使其正确进入螺栓孔；使用棘轮扳手按规定顺序预紧；使用预制式扭力扳手按规定顺序上紧力矩至8 N·m	3			
		安装1号凸轮轴盖	安装一号凸轮轴盖(在密封面薄而均匀地涂抹表面密封胶)；手动旋转螺栓一圈以上使其正确进入螺栓孔；使用预制式扭力扳手按规定顺序分两次上紧力矩(2 N·m+8 N·m)	2			
		否决项	未拆下指定气缸的气门而拆下其他缸气门				
作业后整理		清洁发动机台架、工作台、工具量具和专用工具并归位	2			
		用过的清洁布等放入垃圾桶	2			
作业规范		流程清楚，方法正确	3			
安全与6S		场地整洁，物品摆放有序，无安全问题	5			
维修工单		按要求填写，记录值准确	15			
合计			100			

(6)HX3-1-6：气门间隙的检测与调整(附表36)。

附表 36　气门间隙的检测与调整作业评分标准

HX3-1-6：气门间隙的检测与调整		
考核时长：60 min	考核地点：机电维修工位	考核方式：实操

任务描述：(1)完成气门间隙的检测与调整；(2)填写维修工单

操作设备：(1)工作台；(2)垃圾桶；(3)150件套装工具；(4)预置式扭力扳手；(5)LED头灯；(6)灭火装置；(7)发动机及翻转架(发动机型号：通用LED)；(8)专用工具；(9)中号开口扳手；(10)塞尺；(11)橡皮锤；(12)游标卡尺；(13)钢板尺；(14)吹尘枪

操作材料：抹布、吸油纸、手套、毛刷、零件盒、记号笔、环保型清洗材料等

评分标准

考核内容		考核点及评分要求		分值	扣分	得分	备注
作业准备		工作服与安全鞋，女性要求戴帽		3			
		发动机信息填写		2			
		发动机翻转架	检查发动机台架牢固度	2			
		检查确认工量具		2			
维修手册的使用		气门间隙的调整步骤		2			
		进气门–气门间隙标准值		2			
		排气门–气门间隙标准值		2			
气门间隙的检测与调整	2缸进气门和3缸排气门间隙检测	旋转曲轴扭转减振器紧固螺栓。使用塞尺检查气门间隙。并记下结果	直到标记与气缸1在压缩上止点处对齐	12			
	1缸进气门和4缸排气门间隙检测	通过曲轴扭转减振器螺栓将曲轴沿发动机旋转方向转动180°。使用塞尺检查气门间隙，记下结果	使1缸进气侧凸轮和4缸排气侧凸轮以一定角度指向上方	12			
	3缸进气门和2缸排气门间隙检测	通过曲轴扭转减振器螺栓将曲轴沿发动机旋转方向转动180°。使用塞尺检查气门间隙，记下结果	使3缸进气侧凸轮和2缸排气侧凸轮以一定角度指向上方	12			

续附表 36

考核内容		考核点及评分要求		分值	扣分	得分	备注
气门间隙的检测与调整	4 缸进气门和 1 缸排气门间隙检测	通过曲轴扭转减振器螺栓将曲轴沿发动机旋转方向转动 180°。使用塞尺检查气门间隙，记下结果	使 4 缸进气侧凸轮和 1 缸排气侧凸轮以一定角度指向上方	12			
	根据作业表提供的实际厚度值计算新梃杆厚度		新梃杆厚度 = 测量气门间隙值 + 实际厚度值 − 标准气门间隙	10			
	否决项	未在对应的曲轴位置下测量气门间隙					
作业后整理		清洁发动机台架、工作台、工具量具和专用工具并归位		2			
		用过的清洁布等放入垃圾桶		2			
作业规范		流程清楚，方法正确		3			
安全与 6S		场地整洁，物品摆放有序，无安全问题		5			
维修工单		按要求填写，记录值准确		15			
合计				100			

(7) HX3-1-7：配气正时机构拆装与检查（皮带）（附表 37）。

附表 37　配气正时机构拆装与检查（皮带）作业评分标准

HX3-1-7：配气正时机构拆装与检查（皮带）

考核时长：60 min	考核地点：机电维修工位	考核方式：实操

任务描述：(1) 完成配气正时机构拆装与检查；(2) 填写维修工单

操作设备：(1) 工作台；(2) 垃圾桶；(3) 150 件套装工具；(4) 预置式扭力扳手；(5) LED 头灯；(6) 灭火装置；(7) 发动机及翻转架（发动机型号：通用 LED）；(8) 专用工具；(9) 开口中扳手；(10) 飞轮锁止工具；(11) 橡皮锤；(12) 凸轮轴锁止工具；(13) 插销；(14) 角度规；(15) 游标卡尺；(16) 钢板尺

操作材料：抹布、吸油纸、手套、毛刷、零件盒、正时皮带、记号笔、环保型清洗材料、涨紧轮及涨紧轮螺栓、曲轴链轮螺栓等

续附表 37

<table>
<tr><td colspan="6" align="center">评分标准</td></tr>
<tr><td>考核内容</td><td colspan="2">考核点及评分要求</td><td>分值</td><td>扣分</td><td>得分</td><td>备注</td></tr>
<tr><td rowspan="4">作业准备</td><td colspan="2">工作服与安全鞋，女性要求戴帽</td><td>3</td><td></td><td></td><td></td></tr>
<tr><td>发动机信息填写</td><td></td><td>1</td><td></td><td></td><td></td></tr>
<tr><td>发动机翻转架</td><td>检查发动机台架牢固度</td><td>1</td><td></td><td></td><td></td></tr>
<tr><td colspan="2">检查确认工量具</td><td>1</td><td></td><td></td><td></td></tr>
<tr><td rowspan="4">维修手册的使用</td><td colspan="2">正时皮带更换步骤</td><td>1</td><td></td><td></td><td></td></tr>
<tr><td colspan="2">正时皮带张紧器螺栓紧固标准值</td><td>1</td><td></td><td></td><td></td></tr>
<tr><td colspan="2">正时皮带下盖螺栓紧固标准值</td><td>1</td><td></td><td></td><td></td></tr>
<tr><td colspan="2">曲轴平衡器紧固标准值</td><td>1</td><td></td><td></td><td></td></tr>
<tr><td rowspan="13">配气正时机构拆装与检查作业</td><td colspan="2">拆下空气滤清器总成</td><td>2</td><td></td><td></td><td></td></tr>
<tr><td colspan="2">拆下正时皮带前上盖</td><td>2</td><td></td><td></td><td></td></tr>
<tr><td colspan="2">举升并支撑车辆</td><td>2</td><td></td><td></td><td></td></tr>
<tr><td colspan="2">拆下前舱防溅罩</td><td>2</td><td></td><td></td><td></td></tr>
<tr><td colspan="2">拆下传动皮带张紧器</td><td>2</td><td></td><td></td><td></td></tr>
<tr><td>将发动机设置到上止点</td><td>在发动机旋转至燃烧行程的气缸1上止点的方向设置曲轴平衡器</td><td>3</td><td></td><td></td><td></td></tr>
<tr><td colspan="2">安装 EN-6625 锁止装置和螺栓以封住曲轴</td><td>3</td><td></td><td></td><td></td></tr>
<tr><td colspan="2">拆下曲轴平衡器螺栓</td><td>2</td><td></td><td></td><td></td></tr>
<tr><td colspan="2">拆下曲轴平衡器</td><td>2</td><td></td><td></td><td></td></tr>
<tr><td colspan="2">拆下正时皮带下盖</td><td>2</td><td></td><td></td><td></td></tr>
<tr><td colspan="2">完全降下车辆</td><td>2</td><td></td><td></td><td></td></tr>
<tr><td colspan="2">将 EN-6340 锁止工具安装至凸轮轴位置执行器调节器</td><td>3</td><td></td><td></td><td></td></tr>
<tr><td colspan="2">举升车辆</td><td>2</td><td></td><td></td><td></td></tr>
</table>

续附表 37

考核内容	考核点及评分要求		分值	扣分	得分	备注
配气正时机构拆装与检查作业	使用 Allen 钥匙，沿箭头所指方向向正时皮带张紧器施加张紧力	正时皮带张紧器将自动移至正确位置	3			
	紧固正时皮带张紧器螺栓	20 N·m	3			
	拆下 EN-6625 锁止装置		2			
	降下车辆		1			
	正时检查		2			
	拆下 EN-6340 锁止工具		2			
	完全举升车辆	正时皮带主动齿轮与机油泵壳体必须对准	3			
	控制曲轴平衡器位置		2			
	安装 EN-6625 锁止装置和螺栓以封住曲轴		2			
	安装正时皮带下盖		2			
	安装 4 个正时皮带下盖螺栓	紧固至 6 N·m	2			
	安装曲轴平衡器	用 EN-45059 传感器组件分 3 次安装和紧固曲轴平衡器螺栓，95 N·m +45°+15°	3			
	拆下 EN-6625 锁止装置		1			
	安装传动皮带张紧器		1			
	安装前舱防溅罩		1			
	安装正时皮带前上盖	降下车辆	2			
	安装空气滤清器总成		1			
否决项	安装完后，存在正时错齿现象					

续附表37

考核内容	考核点及评分要求	分值	扣分	得分	备注
作业后整理	清洁发动机台架、工作台、工具量具和专用工具并归位	3			
	用过的清洁布等放入垃圾桶	2			
作业规范	流程清楚，方法正确	3			
安全与6S	场地整洁，物品摆放有序，无安全问题	5			
维修工单	按要求填写，记录值准确	15			
合计		100			

(8) HX3-1-8：配气正时机构拆装、测量与检查(链条)(附表38)。

附表38　配气正时机构拆装、测量与检查(链条)作业评分标准

HX3-1-8：配气正时机构拆装、测量与检查(链条)

考核时长：60 min	考核地点：机电维修工位	考核方式：实操

任务描述：(1)完成配气正时机构拆装、测量与检查；(2)填写维修工单

操作设备：(1)工作台；(2)垃圾桶；(3)150件套装工具；(4)预置式扭力扳手；(5)LED头灯；(6)灭火装置；(7)发动机及翻转架(发动机型号：通用LDK)；(8)专用工具；(9)铲刀；(10)气枪；(11)橡皮锤

操作材料：抹布、手套、毛刷、零件盒、曲轴链轮螺栓等

评分标准

考核内容	考核点及评分要求		分值	扣分	得分	备注
作业准备	工作服与安全鞋，女性要求戴帽		3			
	发动机信息填写		2			
	发动机翻转架	检查发动机台架牢固度	2			
	检查确认工量具		2			
维修手册的使用	链条长度标准尺寸		2			
	凸轮轴齿轮标准		2			
	曲轴齿轮标准		2			

续附表 38

考核内容		考核点及评分要求		分值	扣分	得分	备注
配气正时机构拆装、测量与检查作业	拆卸正时链条盖和链条	拆卸正时链条盖	确认曲轴皮带轮槽口与正时链盖上"0"对准；拆卸皮带盘螺栓不能用预制式扭力扳手；张紧器螺母分2次松开；撬动正时链盖时螺丝刀上必须缠胶带，只能撬动4个带筋部位	4			
		拆卸正时链条	必须拆下O形圈；先拆链条张紧器导板再拆链条；再拆1号链条振动阻尼器；必须在六角处转动凸轮轴	4			
	测量正时链条、曲轴和凸轮轴正时齿轮	检查链条分总成	必须清洁；量具必须校准；测量的链条节数（位置）应正确，需测量3个位置	6			
		检查凸轮轴和曲轴正时齿轮总成	测量位置要正确，测量值要准确	5			
	VVT-i 执行器检查	检查进气凸轮轴VVT-i正时齿轮	必须检查锁止情况；胶带密封机油孔前须清除油脂，不允许用清洗剂喷；转动正时齿轮检查时要连续来回动作1~2次	5			
		检查排气凸轮轴VVT-i正时齿轮		5			
	安装正时链条和链条盖	安装链条分总成	安装方向要正确；1号、2号链条振动阻尼器要在未挂链条前安装；不允许出现跳齿	4			
		清洁并安装链条张紧器导板	安装前进行清洁，不允许出现跳齿	4			
		安装正时链条盖分总成	要一次性对准定位销，按照安装顺序分2次螺栓	4			

续附表38

考核内容			考核点及评分要求		分值	扣分	得分	备注
配气正时机构拆装、测量与检查作业	安装正时链条和链条盖	安装曲轴皮带轮	需预先对准皮带轮上的键槽后再推入		4			
		检查张紧器	不允许借助工具松开棘轮。放下棘轮爪,用手指推动时不移动		5			
		安装并确认链条张紧器状况	柱塞需完全推入,必须顺时钟转动曲轴确认张紧器柱塞伸出		4			
		确认正时标记	须顺时针转动曲轴2圈,确认正时标记		4			
	否决项	安装完后,存在正时错齿现象						
作业后整理		清洁发动机台架、工作台、工具量具和专用工具并归位			2			
		用过的清洁布等放入垃圾桶			2			
作业规范		流程清楚,方法正确			3			
安全与6S		场地整洁,物品摆放有序,无安全问题			5			
维修工单		按要求填写,记录值准确			15			
合计					100			

(9)HX3-1-9:节气门体总成的检测(附表39)。

附表39　节气门体总成的检测作业评分标准

HX3-1-9:节气门体总成的检测		
考核时长:60 min	考核地点:机电维修工位	考核方式:实操
任务描述:(1)完成节气门体总成的检测;(2)填写维修工单		
操作设备:(1)实训车辆;(2)垃圾桶;(3)150件套装工具;(4)预置式扭力扳手;(5)LED头灯;(6)灭火装置;(7)数字万用表;(8)试灯;(9)维修手册;(10)工具车;(11)接线盒;(12)示波器;(13)诊断仪;(14)摄温枪		
操作材料:抹布、手套、毛刷、零件盒、车内外防护、三角木、保险片、导线等		

续附表 39

评分标准						
考核内容		考核点及评分要求	分值	扣分	得分	备注
作业准备		工作服与安全鞋，女性要求戴帽	1			
		车辆信息填写	1			
		工具、备件检查	1			
		车辆防护及基本检查	2			
维修手册使用	关键数据使用维修手册确认	查询电路原理图	5			
		查询技术参数	5			
节气门位置传感器检测技术方案与实施	操作步骤	检查节气门位置传感器外观及插头连接、安装位置状况 □判断错误，扣2分/项	5			
		连接诊断仪，打开点火开关，打开诊断仪电源 □操作错误，扣2分/项	5			
		分别踩下加速踏板于不同位置时，读取节气门位置传感器数据流并记录 □少记录或错记录一项，扣4分/项	8			
		使用电压表在线检查节气门位置传感器电源、信号电压 □少记录或错记录一项，扣2分/项	10			
		示波器测量节气门位置传感器信号波形 □少记录或错记录传感器波形，扣5分/项 □少记录或错记录电机波形，扣5分/项	10			
		使用电阻表测量节气门体内部电阻(霍尔式只要求测量电机) □少记录或错记录一项，扣3分/项	5			

续附表 39

考核内容		考核点及评分要求	分值	扣分	得分	备注
节气门位置传感器检测技术方案与实施	操作步骤	清除故障代码 □操作错误或未操作, 扣 2 分/项	5			
		判断节气门体的好坏 □判断错误, 扣 5 分	6			
		关闭点火开关, 整理诊断检测设备 □操作错误或未操作, 扣 2 分/项	6			
	否决项	操作过程中造成人员或者工具设备损伤				本次考核计 0 分
		不按要求进行危险操作, 裁判可终止考核				
作业后整理	清洁工具、工作台、场地、设备等	清洁	2			
		用过的清洁布、车内三件套等放入垃圾桶	3			
作业规范	按规定流程和方法进行作业	流程清楚, 方法正确	5			
安全与 6S	整个工作过程中的安全与 6S	场地整洁, 物品摆放有序	5			
		无安全问题	5			
合计			100			

（10）HX3-1-10：凸轮轴位置传感器的检测（附表 40）。

附表 40　凸轮轴位置传感器的检测作业评分标准

HX3-1-10：凸轮轴位置传感器的检测

考核时长：60 min	考核地点：机电维修工位	考核方式：实操

任务描述：（1）完成凸轮轴位置传感器的检测；（2）填写维修工单

操作设备：（1）实训车辆；（2）垃圾桶；（3）150 件套装工具；（4）预置式扭力扳手；（5）LED 头灯；（6）灭火装置；（7）数字万用表；（8）试灯；（9）维修手册；（10）工具车；（11）接线盒；（12）示波器；（13）诊断仪

操作材料：抹布、手套、毛刷、零件盒、车内外防护、三角木、保险片、导线等

续附表 40

评分标准					
考核内容		考核点及评分要求	分值	扣分	得分	备注
作业准备		工作服与安全鞋，女性要求戴帽	1			
		车辆信息填写	1			
		工具、备件检查	1			
		车辆防护及基本检查	2			
维修手册使用	关键数据使用维修手册确认	查询电路原理图	5			
		查询技术参数	5			
凸轮轴位置传感器检测技术方案与实施	操作步骤	凸轮轴位置传感器外观及插头连接、安装状况检查 □未检查，扣2分	5			
		在路测量凸轮轴位置传感器信号线与接地线电压并记录 □操作错误，扣5分/项 □判断错误，扣2分/项	8			
		关闭点火开关 □操作错误，扣2分/项	5			
		拔下凸轮轴位置传感器插头，拆下凸轮轴位置传感器，检查信号轮 □操作或判断错误，扣3分/项	5			
		凸轮轴位置传感器信号线与接地线开路静态电压检测 □未测量或方法错误，扣2分/项 □判断错误，扣2分/项	8			
		测量凸轮轴位置传感器内部电阻，判断有无短路故障 □未测量或方法错误，扣2分/项 □判断错误，扣2分/项	8			
		测量凸轮轴位置传感器线束电阻，判断有无断路、短路故障 □未测量或方法错误，扣2分/项 □判断错误，扣2分/项	8			

续附表 40

考核内容		考核点及评分要求	分值	扣分	得分	备注
凸轮轴位置传感器检测技术方案与实施	操作步骤	安装凸轮轴位置传感器 □安装扭矩错误，扣2分/项	2			
		连接凸轮轴位置传感器 □连接错误，扣2分/项	2			
		启动发动机，测量凸轮轴位置传感器波形 □测量方法错误，扣2分/项 □波形绘制错误，扣3分/项	5			
		判断凸轮轴位置传感器正常与否 □判断错误，扣5分	5			
		打开点火开关，清除故障代码 □未操作，扣2分	2			
		关闭点火开关，整理诊断检测设备 □未操作，扣2分	2			
	否决项	操作过程中造成人员或者工具设备损伤				本次考核计0分
		不按要求进行危险操作，裁判可终止考核				
作业后整理	清洁工具、工作台、场地、设备等	清洁	2			
		用过的清洁布、车内三件套等放入垃圾桶	3			
作业规范	按规定流程和方法进行作业	流程清楚，方法正确	5			
安全与6S	整个工作过程中的安全与6S	场地整洁，物品摆放有序	5			
		无安全问题	5			
合计			100			

（11）HX3-1-11：进气歧管绝对压力传感器的检测（附表41）。

附表41 进气歧管绝对压力传感器的检测作业评分标准

HX3-1-11：进气歧管绝对压力传感器的检测

考核时长：60 min	考核地点：机电维修工位	考核方式：实操

任务描述：（1）完成进气歧管绝对压力传感器的检测；（2）填写维修工单

操作设备：（1）实训车辆；（2）垃圾桶；（3）150件套装工具；（4）预置式扭力扳手；（5）LED头灯；（6）灭火装置；（7）数字万用表；（8）试灯；（9）维修手册；（10）工具车；（11）接线盒；（12）示波器；（13）诊断仪；（14）手动真空泵

操作材料：抹布、手套、毛刷、零件盒、车内外防护、三角木、保险片、导线等

评分标准

考核内容		考核点及评分要求	分值	扣分	得分	备注
作业准备		工作服与安全鞋，女性要求戴帽	1			
		车辆信息填写	1			
		工具、备件检查	1			
		车辆防护及基本检查	2			
维修手册使用	关键数据使用维修手册确认	查询电路原理图	5			
		查询技术参数	5			
进气歧管绝对压力传感器检测技术方案与实施	操作步骤	进气歧管压力传感器外观及插头连接检查 □未检查，扣2分	2			
		在路测量进气歧管绝对压力传感器信号线与接地线电压并记录 □未检查或测量错误，扣2分/项	4			
		关闭点火开关，拔下进气歧管绝对压力传感器插头 □未关闭点火开关，扣2分	2			
		拆下进气歧管压力传感器，检查进气歧管压力传感器安装情况 □未检查安装状况，扣2分	5			
		开路测量进气歧管绝对压力传感器信号线与接地线电压并记录 □未测量或记录，扣2分/项 □判断错误，扣2分/项	8			

续附表 41

考核内容		考核点及评分要求	分值	扣分	得分	备注
进气歧管绝对压力传感器检测技术方案与实施	操作步骤	测量进气歧管压力传感器内部电阻,判断传感器内部是否短路 □未测量或记录,扣2分/项 □判断错误,扣2分/项	8			
		测量传感器线束,判断线束是否有断路、短路情况 □未测量或记录,扣2分/项 □判断错误,扣2分/项	8			
		测量传感器信号波形,判断传感器工作信号是否正常 □未测量或记录,扣2分/项 □判断错误,扣2分/项	8			
		使用真空压力测试装置,在不同压力下测量传感器信号电压 □未测量或记录,扣2分/项 □判断错误,扣4分/项	8			
		将进气歧管绝对压力传感器重新安装并按维修手册扭矩拧紧 □安装错误,扣2分	2			
		打开点火开关,清除故障代码 □未操作,扣2分	2			
		判断传感器是否正常 □判断错误,扣2分	3			
		关闭点火开关,整理诊断检测设备 □未操作,扣2分	5			
	否决项	操作过程中造成人员或者工具设备损伤	/			本次考核计0分
		不按要求进行危险操作,裁判可终止考核				

续附表41

考核内容		考核点及评分要求	分值	扣分	得分	备注
作业后整理	清洁工具、工作台、场地、设备等	清洁	2			
		用过的清洁布、车内三件套等放入垃圾桶	3			
作业规范	按规定流程和方法进行作业	流程清楚，方法正确	5			
安全与6S	整个工作过程中的安全与6S	场地整洁，物品摆放有序	5			
		无安全问题	5			
合计			100			

（12）HX3-1-12：四线式加热型氧传感器的检测（附表42）。

附表42 四线式加热型氧传感器的检测作业评分标准

HX3-1-12：四线式加热型氧传感器的检测		
考核时长：60 min	考核地点：机电维修工位	考核方式：实操

任务描述：（1）完成四线式加热型氧传感器的检测；（2）填写维修工单

操作设备：（1）实训车辆；（2）垃圾桶；（3）150件套装工具；（4）预置式扭力扳手；（5）LED头灯；（6）灭火装置；（7）数字万用表；（8）试灯；（9）维修手册；（10）工具车；（11）接线盒；（12）示波器；（13）诊断仪

操作材料：抹布、手套、毛刷、零件盒、车内外防护、三角木、保险片、导线等

评分标准						
考核内容		考核点及评分要求	分值	扣分	得分	备注
作业准备		工作服与安全鞋，女性要求戴帽	1			
		车辆信息填写	1			
		工具、备件检查	1			
		车辆防护及基本检查	2			
维修手册使用	关键数据使用维修手册确认	查询电路原理图	5			
		查询技术参数	5			

续附表 42

考核内容		考核点及评分要求	分值	扣分	得分	备注
加热型氧传感器检测技术方案与实施	操作步骤	传感器外观检查 □未检查或判断错误，扣5分	5			
		传感器电源、信号线在路静态电压测量 □测量方法错误，扣2分/项 □测量结果错误，扣4分/项	10			
		传感器安装情况检查 □未检查或判断错误，扣5分	5			
		传感器电源、信号线开路电压测量 □测量方法错误，扣2分/项 □测量结果错误，扣4分/项	10			
		传感器内阻检测 □未检查或判断错误，扣5分	5			
		传感器导线电阻检测，断路、短路判断 □测量方法错误，扣2分/项 □测量结果错误，扣4分/项	10			
		传感器信号波形测量 □测量方法错误，扣2分/项 □测量结果错误，扣4分/项	10			
		传感器数据流读取 □未读取或判断错误，扣5分	5			
		传感器正常与否判断 □判断错误，扣5分	5			
	否决项	操作过程中造成人员或者工具设备损伤				本次考核计0分
		不按要求进行危险操作，裁判可终止考核				
作业后整理	清洁工具、工作台、场地、设备等	清洁	2			
		用过的清洁布、车内三件套等放入垃圾桶	3			

续附表42

考核内容		考核点及评分要求	分值	扣分	得分	备注
作业规范	按规定流程和方法进行作业	流程清楚，方法正确	5			
安全与6S	整个工作过程中的安全与6S	场地整洁，物品摆放有序	5			
		无安全问题	5			
合计			100			

(13) HX3-1-13：独立式点火线圈的检测(附表43)

附表43 独立式点火线圈的检测作业评分标准

HX3-1-13：独立式点火线圈的检测

考核时长：60 min	考核地点：机电维修工位	考核方式：实操

任务描述：(1)完成独立式点火线圈的检测；(2)填写维修工单

操作设备：(1)实训车辆；(2)垃圾桶；(3)150件套装工具；(4)预置式扭力扳手；(5)LED头灯；(6)灭火装置；(7)数字万用表；(8)试灯；(9)维修手册；(10)工具车；(11)接线盒；(12)示波器；(13)诊断仪

操作材料：抹布、手套、毛刷、零件盒、车内外防护、三角木、保险片、导线等

评分标准

考核内容		考核点及评分要求	分值	扣分	得分	备注
作业准备		工作服与安全鞋，女性要求戴帽	1			
		车辆信息填写	1			
		工具、备件检查	1			
		车辆防护及基本检查	2			
维修手册使用	关键数据使用维修手册确认	查询电路原理图	5			
		查询技术参数	5			

续附表 43

考核内容		考核点及评分要求	分值	扣分	得分	备注
独立式点火线圈检测技术方案与实施	操作步骤	点火线圈外观检查 □未检查或判断错误, 扣 5 分	5			
		点火线圈电源、信号线在路静态电压测量 □测量方法错误, 扣 2 分/项 □测量结果错误, 扣 4 分/项	8			
		点火线圈拆卸 □未拆卸, 扣 5 分	5			
		点火线圈安装情况检查 □未检查或判断错误, 扣 5 分	5			
		点火线圈电源、信号线开路电压测量 □测量方法错误, 扣 2 分/项 □测量结果错误, 扣 4 分/项	8			
		点火线圈内阻检测 □未检查或判断错误, 扣 5 分	5			
		点火线圈导线电阻检测, 断路、短路判断 □测量方法错误, 扣 2 分/项 □测量结果错误, 扣 4 分/项	10			
		点火线圈安装 □安装(扭矩)错误, 扣 5 分	5			
		点火线圈信号波形测量 □测量方法错误, 扣 2 分/项 □测量结果错误, 扣 4 分/项	8			
		点火线圈正常与否判断 □判断错误, 扣 5 分	6			
	否决项	操作过程中造成人员或者工具设备损伤	/			本次考核计 0 分
		不按要求进行危险操作, 裁判可终止考核	/			

续附表43

考核内容		考核点及评分要求	分值	扣分	得分	备注
作业后整理	清洁工具、工作台、场地、设备等	清洁	2			
		用过的清洁布、车内三件套等放入垃圾桶	3			
作业规范	按规定流程和方法进行作业	流程清楚，方法正确	5			
安全与6S	整个工作过程中的安全与6S	场地整洁，物品摆放有序	5			
		无安全问题	5			
合计			100			

(14)HX3-1-14：曲轴位置传感器的检测(附表44)。

附表44　曲轴位置传感器的检测作业评分标准

HX3-1-14：曲轴位置传感器的检测		
考核时长：60 min	考核地点：机电维修工位	考核方式：实操

任务描述：(1)完成曲轴位置传感器的检测；(2)填写维修工单

操作设备：(1)实训车辆；(2)垃圾桶；(3)150件套装工具；(4)预置式扭力扳手；(5)LED头灯；(6)灭火装置；(7)数字万用表；(8)试灯；(9)维修手册；(10)工具车；(11)接线盒；(12)示波器；(13)诊断仪

操作材料：抹布、手套、毛刷、零件盒、车内外防护、三角木、保险片、导线等

评分标准						
考核内容		考核点及评分要求	分值	扣分	得分	备注
作业准备		工作服与安全鞋，女性要求戴帽	1			
		车辆信息填写	1			
		工具、备件检查	1			
		车辆防护及基本检查	2			
维修手册使用	关键数据使用维修手册确认	查询电路原理图	5			
		查询技术参数	5			

续附表 44

考核内容		考核点及评分要求	分值	扣分	得分	备注
曲轴位置传感器检测技术方案与实施	操作步骤	曲轴位置传感器外观及插头连接、安装状况检查 □未检查，扣2分	5			
		在路测量曲轴位置传感器信号线与接地线电压并记录 □操作错误，扣5分/项 □判断错误，扣2分/项	8			
		关闭点火开关 □操作错误，扣2分/项	5			
		拔下曲轴位置传感器插头，拆下凸轮轴位置传感器，检查信号轮 □操作或判断错误，扣3分/项	5			
		曲轴位置传感器信号线与接地线开路静态电压检测 □未测量或方法错误，扣2分/项 □判断错误，扣2分/项	8			
		测量曲轴位置传感器内部电阻，判断有无短路故障 □未测量或方法错误，扣2分/项 □判断错误，扣2分/项	8			
		测量曲轴位置传感器线束电阻，判断有无断路、短路故障 □未测量或方法错误，扣2分/项 □判断错误，扣2分/项	8			
		安装曲轴位置传感器 □安装扭矩错误，扣2分/项	2			
		连接曲轴位置传感器 □连接错误，扣2分/项	2			
		启动发动机，测量曲轴位置传感器波形 □测量方法错误，扣2分/项 □波形绘制错误，扣3分/项	5			

续附表44

考核内容		考核点及评分要求	分值	扣分	得分	备注
曲轴位置传感器检测技术方案与实施	操作步骤	判断曲轴位置传感器正常与否 □判断错误，扣5分	5			
		打开点火开关，清除故障代码	2			
		关闭点火开关，整理收复诊断检测设备	2			
	否决项	操作过程中造成人员或者工具设备损伤				本次考核计0分
		不按要求进行危险操作，裁判可终止考核				
作业后整理	清洁工具、工作台、场地、设备等	清洁	2			
		用过的清洁布、车内三件套等放入垃圾桶	3			
作业规范	按规定流程和方法进行作业	流程清楚，方法正确	5			
安全与6S	整个工作过程中的安全与6S	场地整洁，物品摆放有序	5			
		无安全问题	5			
合计			100			

（15）HX3-1-15：发动机机油压力检测（附表45）。

附表45　发动机机油压力检测作业评分标准

HX3-1-15：发动机机油压力检测		
考核时长：60 min	考核地点：机电维修工位	考核方式：实操
任务描述：(1)完成发动机机油压力检测；(2)填写维修工单		
操作设备：(1)客户车辆；(2)150 件套装工具；(3)预置式扭力扳手；(4)LED 头灯； (5)机油压力表；(6)机油压力表适配器		
操作材料：抹布、手套、车内三件套、车外三件套等		

续附表 45

评分标准						
考核内容		考核点及评分要求	分值	扣分	得分	备注
作业准备		工作服与安全鞋，女性要求戴帽	3			
		车辆信息填写	5			
维修手册使用	关键数据使用维修手册确认	查询机油压力诊断和测试步骤	3			
		安装车辆挡块，连接尾气排放管	2			
		安装座椅、地板、方向盘三件套	3			
		降下主驾驶车窗玻璃	3			
		关闭点火开关	1			
		安装车外三件套	3			
		拆下油道上的机油道塞	4			
		清理螺纹	3			
		安装机油压力表	4			
		安装适配器	4			
		起动发动机	3			
		检查机油压力：怠速时，机油压力必须至少为 130 kPa(18.85 磅力/平方英寸)且机油温度必须为 80℃(170℉)或更高	4			
		关闭发动机	4			
		拆下适配器	4			
		拆下机油压力表	4			
		安装涂抹有密封胶的新油道塞，紧固至 60 N·m	4			
		检查发动机机油油位	4			
作业后整理	清洁工具、工作台、场地等	清洁车辆	3			
		用过的清洁布、车内三件套等放入垃圾桶	2			

续附表 45

考核内容		考核点及评分要求	分值	扣分	得分	备注
作业规范	按规定流程和方法进行作业	流程清楚，方法正确	5			
安全与6S	整个工作过程中的安全与6S	场地整洁，物品摆放有序	5			
		无安全问题	5			
维修工单		按要求填写，记录值准确	15			
合计			100			

(16)HX3-1-16：气缸压缩压力检测(附表 46)。

附表 46　气缸压缩压力检测作业评分标准

HX3-1-16：气缸压缩压力检测

考核时长：60 min	考核地点：机电维修工位	考核方式：实操

任务描述：(1)完成气缸压缩压力检测；(2)填写维修工单

操作设备：(1)实训车辆；(2)垃圾桶；(3)150 件套装工具；(4)预置式扭力扳手；(5)LED 头灯；(6)灭火装置；(7)数字万用表；(8)维修手册；(9)工具车；(10)气缸压力测试表；(11)诊断仪

操作材料：抹布、手套、毛刷、零件盒、车内外防护、三角木、保险片等

评分标准

考核内容	考核点及评分要求		分值	扣分	得分	备注
作业准备	工作服与安全鞋，女性要求戴帽		3			
	车辆信息填写		2			
	车辆安全检查	设置车轮挡块	2			
	检查确认工量具		2			
	检查蓄电池电量	静态测量电压值大于 11 伏	2			
维修手册的使用	发动机压缩压力测试步骤		2			
	节气门体总成的更换步骤		2			
	火花塞的更换步骤		2			
	节气门体螺栓坚固力矩		1			
	火花塞紧固力矩		1			
	点火线圈螺栓紧固力矩		1			

续附表 46

考核内容		考核点及评分要求		分值	扣分	得分	备注
气缸压缩压力检测	拆卸程序	车辆预热	发动机冷却液温度在正常工作温度（80℃以上）	4			
		打开发动机舱盖		1			
		车辆防护	三件套	2			
		拆下节气门体	断开节气门体线束前关闭点火开关	4			
		拆下点火线圈	断开线束前要关闭点火开关	4			
		拆下火花塞	清洁气门室罩盖，4 个火花塞必须全部拆卸	5			
		拆下燃油泵继电器	防止淹缸	5			
	测量程序	起动发动机	发动机以至少 300 转/分运行约 4 秒钟，确保气缸压缩测试表与火花塞孔之间的密封	5			
		比较压缩压力值	每个缸测 2 次，取平均值，最大压力差为 100 kPa	5			
	安装程序	安装燃油泵继电器		3			
		安装火花塞	须用手拧入火花塞，火花塞紧固 25 N·m	5			
		安装点火线圈	连接线束前要关闭点火开关，点火线圈螺栓紧固至 8 N·m	5			
		安装节气门体	连接节气门体线束前关闭点火开关，节气门体螺栓紧固至 8 N·m，安装节气门体后，使用故障诊断仪执行适当的重新设置功能	5			
	否决项	造成异物进入气缸					
作业后整理		清洁车辆、工作台、工具量具和专用工具并归位		2			
		用过的清洁布等放入垃圾桶		2			

续附表46

考核内容	考核点及评分要求	分值	扣分	得分	备注
作业规范	流程清楚，方法正确	3			
安全与6S	场地整洁，物品摆放有序，无安全问题	5			
维修工单	按要求填写，记录值准确	15			
合计		100			

（17）HX3-1-17：排气背压检测（附表47）。

附表47　排气背压检测作业评分标准

HX3-1-17：排气背压检测		
考核时长：60 min	考核地点：机电维修工位	考核方式：实操

任务描述：（1）完成排气背压检测；（2）填写维修工单

操作设备：（1）客户车辆；（2）150件套装工具；（3）预置式扭力扳手；（4）LED头灯；（5）排气背压表

操作材料：抹布、手套、车内三件套、车外三件套等

评分标准						
考核内容		考核点及评分要求	分值	扣分	得分	备注
作业准备		工作服与安全鞋，女性要求戴帽	3			
		车辆信息填写	5			
维修手册使用	关键数据使用维修手册确认	查询发动机排气背压检测步骤	3			
排气背压检测	操作步骤	安装车辆挡块，连接尾气排放管	2			
		安装座椅、地板、方向盘三件套	3			
		降下主驾驶车窗玻璃	2			
		关闭点火开关	1			
		安装车外三件套	4			
		拆下加热型氧传感器1	4			
		安装排气背压表	4			
		起动发动机	4			

续附表 47

考核内容		考核点及评分要求	分值	扣分	得分	备注
排气背压检测	操作步骤	将发动机转速提高至 2000 转/分，并进行监测	4			
		观察计量仪表上的排气背压读数值是否超过 14 kPa，如果没超过按以上步骤在加热型氧传感器 2 处测量	6			
		检查排气系统是否存在以下情况：排气管损坏；排气管里有碎屑；消音器或谐振器内部故障；两层排气管分离	4			
		拆卸排气背压表	4			
		安装加热型氧传感器	4			
		清除所有故障诊断码	4			
		路试车辆，确认修理效果	4			
作业后整理	清洁工具、工作台、场地等	清洁车辆	3			
		用过的清洁布、车内三件套等放入垃圾桶	2			
作业规范	按规定流程和方法进行作业	流程清楚，方法正确	5			
安全与 6S	整个工作过程中的安全与 6S	场地整洁，物品摆放有序	5			
		无安全问题	5			
维修工单		按要求填写，记录值准确	15			
合计			100			

（18）HX3-1-18：燃油压力检测（附表 48）。

附表 48　燃油压力检测作业评分标准

HX3-1-18：燃油压力检测

考核时长：60 min	考核地点：机电维修工位	考核方式：实操

任务描述：（1）完成燃油压力检测；（2）填写维修工单

操作设备：（1）实训车辆；（2）垃圾桶；（3）150 件套装工具；（4）预置式扭力扳手；（5）LED 头灯；（6）灭火装置；（7）数字万用表；（8）试灯；（9）维修手册；（10）工具车；（11）燃油压力测试表；（12）诊断仪

操作材料：抹布、手套、毛刷、零件盒、车内外防护、三角木、保险片等

评分标准

考核内容		考核点及评分要求		分值	扣分	得分	备注
作业准备		工作服与安全鞋，女性要求戴帽		3			
		车辆信息填写		2			
		车辆安全检查	设置车轮挡块	2			
		检查确认工量具		2			
		检查蓄电池电量	静态测量电压值大于 11 伏	2			
		防火检查	准备一个干式化学（B 级）灭火器，必须在通风良好的环境下操作	4			
维修手册的使用		燃油压力测量步骤		2			
		燃油压力标称值		2			
燃油压力检测	安装程序	打开发动机舱盖		2			
		车辆防护	三件套	2			
		从测试接头取下保护盖		5			
		卸去燃油系统压力	拆下燃油泵继电器/保险丝后发车直至熄火	5			
		连接燃油压力测试表表	抹布包住燃油系统部件接头	5			

续附表 48

考核内容			考核点及评分要求	分值	扣分	得分	备注
燃油压力检测	测量程序	起动发动机	安装燃油泵继电器/保险丝, 试车 3 s 后检查连接是否有泄漏	5			
		怠速时放出压力测试仪中的空气	将流出的燃油收集到合适的容器中	5			
		从压力表上读取燃油压力	检测系统压力、调节油压、最大油压、最大供油量	5			
	拆卸程序	关闭发动机	检测残余油压; 冷却液温度下降到常温	5			
		卸去燃油压力测试仪处的燃油压力	拆下燃油泵继电器/保险丝后发车直至熄火; 用抹布包住接头, 吸附燃油	5			
		拆下燃油压力测试表表	将流出的燃油收集到合适的容器中, 清洁燃油管接头、软管接头、接头周围部位	5			
		将保护盖安装到测试接头	安装燃油泵继电器/保险丝后发车	3			
		关闭发动机舱盖		2			
	否决项	造成燃油大面积泄漏		／			
作业后整理		清洁车辆、工作台、工具量具和专用工具并归位		2			
		用过的清洁布等放入垃圾桶		2			
作业规范		流程清楚, 方法正确		3			
安全与 6S		场地整洁, 物品摆放有序, 无安全问题		5			
维修工单		按要求填写, 记录值准确		15			
合计				100			

(19)HX3-1-19：尾气检测与分析(附表49)。

附表49　尾气检测与分析作业评分标准

HX3-1-19：尾气检测与分析		
考核时长：60 min	考核地点：机电维修工位	考核方式：实操
任务描述：(1)使用尾气分析仪对车辆进行尾气排放测量；(2)并对测量结果进行分析判断，被测车辆排放是否符合国家标准		
操作设备：(1)客户车辆；(2)尾气分析仪		
操作材料：抹布、手套、车内三件套、车外三件套		

评分标准

考核内容		考核点及评分要求	分值	扣分	得分	备注
作业准备		工作服与安全鞋，女性要求戴帽	2			
		车辆信息填写	1			
		工具、备件检查	2			
发动机尾气排放检测	操作步骤	正确连接取样管和探头	5			
		检查各连接处，确认连接牢靠，无泄漏	5			
		连接仪器的电源、油温信号和转速信号线缆，接通仪器的电源开关，预热仪器	2			
		用密封套堵住探头，进行泄漏检查	5			
		拔掉密封套，进行调零	2			
		在仪器上通过按键输入车辆信息，发动机信息	5			
		将测速钳夹在点火线上，然后按确认键	2			
		将油温测量探头插入发动机的润滑油标尺孔中	2			
		在仪器上通过按键选择"急速标准测量"	5			
		等待仪器进行"HC"残留检查	2			

续附表 49

考核内容		考核点及评分要求	分值	扣分	得分	备注
发动机尾气排放检测	操作步骤	修改仪器测量"额定转速"至 3000 转/分钟	5			
		启动发动机，并按仪器要求预热	5			
		预热完成后插入检测探头至车辆排气管 400 mm，保持发动机怠速运转	5			
		检测完毕后记录排放数值	5			
	否决项	操作过程中造成人员或者工具设备损伤				本次考核计 0 分
		不按要求进行危险操作，裁判可终止考核				
作业后整理	清洁工具、工作台、场地、设备等	清洁	2			
		用过的清洁布、车内三件套等放入垃圾桶	3			
作业规范	按规定流程和方法进行作业	流程清楚，方法正确	5			
安全与 6S	整个工作过程中的安全与 6S	场地整洁，物品摆放有序	5			
		无安全问题	5			
维修工单		按要求填写，记录准确	20			
合计			100			

（20）HX3-1-20：冷却系统密封性检测（附表 50）。

附表 50　冷却系统密封性检测作业评分标准

HX3-1-20：冷却系统密封性检测

考核时长：60 min	考核地点：机电维修工位	考核方式：实操

任务描述：（1）完成冷却系统密封性检测；（2）填写维修工单

操作设备：（1）客户车辆；（2）150 件套装工具；（3）预置式扭力扳手；（4）LED 头灯；（5）冷却系统测试仪

操作材料：冷却液、抹布、手套、车内三件套、车外三件套等

续附表 50

评分标准						
考核内容		考核点及评分要求	分值	扣分	得分	备注
作业准备		工作服与安全鞋，女性要求戴帽	3			
		车辆信息填写	5			
维修手册使用	关键数据使用维修手册确认	查询发动机冷却系统密封性检测步骤	3			
冷却系统密封性检测	操作步骤	安装车辆挡块，连接尾气排放管	2			
		安装座椅、地板、方向盘三件套	3			
		降下主驾驶车窗玻璃	2			
		关闭点火开关	1			
		打开发动机舱盖，安装车外三件套	4			
		拆下冷却液储液罐(膨胀水箱)密封盖	4			
		检查冷却液液位，如果需要，补充冷却液	4			
		朝蓄电池方向，将冷却液储液罐从托架拉出	5			
		连接冷却系统测试仪至冷却液储液罐	5			
		向冷却系统施加约 100 kPa 的压力	6			
		检查冷却系统是否泄漏	4			
		拆下冷却系统测试仪	4			
		安装冷却液储液罐密封盖	4			
		冷却液储液罐复位	4			
		关闭发动机舱盖	2			
作业后整理	清洁工具、工作台、场地等	清洁车辆	3			
		用过的清洁布、车内三件套等放入垃圾桶	2			

续附表 50

考核内容		考核点及评分要求	分值	扣分	得分	备注
作业规范	按规定流程和方法进行作业	流程清楚，方法正确	5			
安全与6S	整个工作过程中的安全与6S	场地整洁，物品摆放有序	5			
		无安全问题	5			
维修工单		按要求填写，记录值准确	15			
合计			100			

2.HX3-2：底盘检测作业

(1)HX3-2-1：驻车制动器的调整(机械)(附表51)。

附表 51　驻车制动器的调整(机械)作业评分标准

HX3-2-1：驻车制动器的调整(机械)		
考核时长：60 min	考核地点：机电维修工位	考核方式：实操

任务描述：完成驻车制动器的调整(机械)

操作设备：(1)客户车辆；(2)150件套装工具

操作材料：抹布、手套、车内三件套、车外三件套等

评分标准						
考核内容		考核点及评分要求	分值	扣分	得分	备注
作业准备		工作服与安全用品检查	2			
		车辆信息填写	1			
		工具、备件及工作环境检查	2			
维修手册使用	关键数据使用维修手册确认	查询部位定位图	5			
		查询数据与维修指引	5			

续附表 51

考核内容		考核点及评分要求	分值	扣分	得分	备注
驻车制动器的调整（机械）	操作步骤	安装座椅、地板、方向盘三件套	2			
		降下主驾驶车窗玻璃	2			
		安装车外三件套	2			
		放下驻车制动手柄控制杆	2			
		使用工具撬开饰板	2			
		松开调整螺母	5			
		踩制动踏板 6 次	5			
		提起驻车制动手柄控制杆 5~7 齿	5			
		紧固调整螺母	5			
		测试驻车制动器手柄控制是否工作正常	5			
		将驻车制动手柄总成放在最低位置	5			
		检查左右侧后车轮是否可以转动自如	5			
	否决项	操作过程中造成人员或者工具设备损伤				本次考核计 0 分
		不按要求进行危险操作，裁判可终止考核				
作业后整理	清洁工具、工作台、场地等	清洁车辆	2			
		用过的清洁布、车内三件套等放入垃圾桶	3			
作业规范	按规定流程和方法进行作业	流程清楚，方法正确	5			
安全与 6S	整个工作过程中的安全与 6S	场地整洁，物品摆放有序	5			
		无安全问题	5			
维修工单		按要求填写，记录值准确	20			
合计			100			

（2）HX3-2-2：盘式制动器的拆装与检测（附表 52）。

附表52　盘式制动器的拆装与检测作业评分标准

HX3-2-2：盘式制动器的拆装与检测

考核时长：60 min	考核地点：机电维修工位	考核方式：实操

任务描述：（1）检查制动盘表面情况，检查轮缸泄漏及防护罩老化情况等，检测制动盘厚度和圆跳动，摩擦片磨损量；（2）并能根据检测结果做出正确的维修结论

操作设备：（1）客户车辆；（2）150件套装工具；（3）直尺；（4）游标卡尺；（5）磁性表座；（6）百分表

操作材料：（1）抹布、手套、车内外三件套；（2）清洁剂；（3）记号笔

评分标准

考核内容		考核点及评分要求	分值	扣分	得分	备注
作业准备		工作服与安全鞋，女性要求戴帽	2			
		车辆信息填写	1			
		工具、备件检查	2			
维修手册使用	关键数据使用维修手册确认	查询操作流程	2			
		查询技术参数	2			
盘式制动器的拆装与检测	操作步骤	安装车内外三件套	1			
		举升机顶举车辆位置正确，预举车辆，轮胎螺栓卸力	1			
		顶举前释放手刹	1			
		车辆顶举高度合适	1			
		车辆举升完成后举升机保险锁止	1			
		对角松开轮胎螺母	1			
		轮胎放置正确	1			
		拆卸并固定制动钳	2			
		拆下制动摩擦块	2			
		清理制动钳支架	2			
		清洁制动盘	2			
		目测检查制动盘表面状况	2			
		清洁千分尺，并校零	2			

续附表 52

考核内容		考核点及评分要求	分值	扣分	得分	备注
盘式制动器的拆装与检测	操作步骤	距制动盘边缘 15 mm 处测量制动盘厚度	5			
		制动盘圆周上均布的 4 个点的厚度值	5			
		用轮胎螺母按规定力矩将制动盘紧固	2			
		安装百分表及表座	5			
		在距制动盘边缘 15 mm 处测量跳动量	5			
		测量并记录端面跳动量	5			
		目测检查摩擦块摩擦面	2			
		用钢尺测量摩擦块两个边缘的厚度	5			
		目测检查制动轮缸	2			
		检查制动钳导销是否自由移动	2			
		安装制动摩擦块	2			
		安装车轮用手拧入所有车轮螺栓	2			
		对角依次预紧轮胎螺母	2			
		操作举升机降下车辆	2			
		拉紧手刹	2			
		用扭力扳手将轮胎螺母紧固	2			
		踩下制动踏板使制动活塞复位	2			
	否决项	操作过程中造成人员或者工具设备损伤				本次考核计 0 分
		不按要求进行危险操作，裁判可终止考核				
作业后整理	清洁工具、工作台、场地、设备等	清洁	2			
		用过的清洁布、车内三件套等放入垃圾桶	2			

续附表52

考核内容		考核点及评分要求	分值	扣分	得分	备注
作业规范	按规定流程和方法进行作业	流程清楚，方法正确	2			
安全与6S	整个工作过程中的安全与6S	场地整洁，物品摆放有序	2			
		无安全问题	2			
维修工单		按要求填写，记录准确	10			
合计			100			

(3)HX3-2-3：膜片式离合器总成的拆装与检测(附表53)。

附表53　膜片式离合器总成的拆装与检测作业评分标准

HX3-2-3：膜片式离合器总成的拆装与检测

考核时长：60 min	考核地点：机电维修工位	考核方式：实操

任务描述：(1)检查离合器盖、从动盘、扭转减震器的变形和磨损，检测压盘、膜片弹簧、从动盘的磨损和工作情况；(2)并能根据检测结果做出正确的维修结论

操作设备：(1)发动机总成台架；(2)150件套装工具；(3)直尺；(4)游标卡尺；(5)磁性表座；(6)百分表；(7)飞轮止动器；(8)离合器中心对中工具；(9)厚薄规；(10)刀口尺；(11)检测平板

操作材料：(1)抹布、手套、车内外三件套；(2)清洁剂；(3)记号笔

评分标准

考核内容		考核点及评分要求	分值	扣分	得分	备注
作业准备		工作服与安全鞋，女性要求戴帽	2			
		车辆信息填写	1			
		工具、备件检查	2			
维修手册使用	关键数据使用维修手册确认	查询操作流程	2			
		查询技术参数	2			
膜片式离合器总成的拆装与检测	操作步骤	用专用工具固定飞轮	2			
		拆卸前离合器盖与飞轮做好对位记号	3			
		按对角顺序依次松开离合器盖螺栓	2			
		取下从动盘和离合器盖组件	2			

续附表 53

考核内容		考核点及评分要求	分值	扣分	得分	备注
膜片式离合器总成的拆装与检测	操作步骤	清洁被测零件	3			
		目测检查压盘表面状况	3			
		检查弹簧连接和铆钉连接	3			
		测量前清洁量具	2			
		用厚薄规测量离合器压盘平面度	3			
		测量分离指磨损凹槽的宽度和深度	3			
		用专用工具测量弹簧分离指高度	5			
		目测检查从动盘有无裂损	2			
		目测检查从动盘花键毂是否磨损和损伤	2			
		目测检查减振弹簧是否弹力衰损和损伤	2			
		测量前清洁量具和被测零件	2			
		测量从动盘铆钉沉入量	5			
		安装磁性表座和百分表	3			
		清洁飞轮表面	2			
		测量飞轮的端面圆跳动量	5			
		用专用工具安装从动盘和离合器盖组件	2			
		从动盘安装方向正确	2			
		对位记号正确	5			
		用手均匀地旋入所有螺栓	2			
		对角安装离合器固定螺栓	2			
		拧紧离合器固定螺栓至规定力矩	2			
		拆卸飞轮固定工具	2			
	否决项	操作过程中造成人员或者工具设备损伤				本次考核计0分
		不按要求进行危险操作，裁判可终止考核				

续附表53

考核内容		考核点及评分要求	分值	扣分	得分	备注
作业后整理	清洁工具、工作台、场地、设备等	清洁	2			
		用过的清洁布、车内三件套等放入垃圾桶	2			
作业规范	按规定流程和方法进行作业	流程清楚，方法正确	2			
安全与6S	整个工作过程中的安全与6S	场地整洁，物品摆放有序	2			
		无安全问题	2			
维修工单		按要求填写，记录准确	10			
合计			100			

（4）HX3-2-4：自动变速器电磁阀检测（附表54）。

附表54　自动变速器电磁阀检测作业评分标准

HX3-2-4：自动变速器电磁阀检测

考核时长：60 min	考核地点：机电维修工位	考核方式：实操

任务描述：（1）在工作台上进行自动变速器油底壳及电磁阀的拆装，并能对自动变速器的换挡电磁阀和油压调节电磁阀进行检测，主要检测电磁阀的电阻值和电磁阀的工作情况；（2）并能根据检测结果做出正确的维修结论

操作设备：（1）自动变速器总成；（2）150件套装工具；（3）蓄电池；（4）数字式万用表；（5）连接线；（6）气枪；（7）油盆；（8）维修手册

操作材料：（1）抹布、手套、车内外三件套；（2）清洁剂；（3）自动变速器油

评分标准

考核内容		考核点及评分要求	分值	扣分	得分	备注
作业准备		工作服与安全鞋，女性要求戴帽	2			
		车辆信息填写	1			
		工具、备件检查	2			
维修手册使用	关键数据使用维修手册确认	查询操作流程	2			
		查询技术参数	2			

续附表 54

考核内容		考核点及评分要求	分值	扣分	得分	备注
自动变速器电磁阀检测	操作步骤	拆卸变速器油底壳	5			
		拆卸电磁阀线束	5			
		拆卸换挡电磁阀	6			
		用万用表正确检查换挡电磁阀电阻	8			
		检查换挡电磁阀工作情况	8			
		拆卸脉冲式油压电磁阀	6			
		用万用检查脉冲式油压电磁阀电阻	8			
		检查脉冲式油压电磁阀工作情况	8			
		安装电磁阀	6			
		安装电磁阀线束	6			
		安装变速器油底壳	5			
	否决项	操作过程中造成人员或者工具设备损伤				本次考核计0分
		不按要求进行危险操作,裁判可终止考核				
作业后整理	清洁工具、工作台、场地、设备等	清洁	2			
		用过的清洁布、车内三件套等放入垃圾桶	2			
作业规范	按规定流程和方法进行作业	流程清楚,方法正确	2			
安全与6S	整个工作过程中的安全与6S	场地整洁,物品摆放有序	2			
		无安全问题	2			
维修工单		按要求填写,记录准确	10			
合计			100			

（5）HX3-2-5：制动踏板行程测量与真空助力器检测（附表55）。

附表 55　制动踏板行程测量与真空助力器检测作业评分标准

HX3-2-5：制动踏板行程测量与真空助力器检测		
考核时长：60 min	考核地点：机电维修工位	考核方式：实操
任务描述：完成制动踏板行程测量与真空助力器检测		
操作设备：(1)客户车辆；(2)150 件套装工具		
操作材料：抹布、手套、车内三件套、车外三件套等		

评分标准

考核内容		考核点及评分要求	分值	扣分	得分	备注
作业准备		工作服与安全用品检查	2			
		车辆信息填写	1			
		工具、备件及工作环境检查	2			
维修手册使用	关键数据使用维修手册确认	查询电路图	5			
		查询数据与维修指引	5			
制动踏板行程测量与真空助力器检测	操作步骤	安装座椅、地板、方向盘三件套	2			
		降下主驾驶车窗玻璃	2			
		安装车外三件套	2			
		检查发动机机油液位	2			
		检查发动机冷却液位	2			
		检查制动液位	5			
		起动发动机	5			
		测量制动踏板自由行程	5			
		测量制动踏板总行程	5			
		发动机熄火	2			
		踩制动踏板数次	4			
		踩住制动踏板后起动发动机	2			
		观察制动踏板是否下沉	2			
		描述制动真空助力器的性能状态	5			
	否决项	操作过程中造成人员或者工具设备损伤				本次考核计 0 分
		不按要求进行危险操作，裁判可终止考核				

续附表 55

考核内容		考核点及评分要求	分值	扣分	得分	备注
作业后整理	清洁工具、工作台、场地等	清洁车辆	2			
		用过的清洁布、车内三件套等放入垃圾桶	3			
作业规范	按规定流程和方法进行作业	流程清楚，方法正确	5			
安全与6S	整个工作过程中的安全与6S	场地整洁，物品摆放有序	5			
		无安全问题	5			
维修工单		按要求填写，记录值准确	20			
合计			100			

(6)HX3-2-6：车轮定位参数检测与车轮前束值调整(附表56)。

附表 56 车轮定位参数检测与车轮前束值调整作业评分标准

HX3-2-6：车轮定位参数检测与车轮前束值调整		
考核时长：60 min	考核地点：机电维修工位	考核方式：实操

任务描述：(1)操作四轮定位仪器到检测界面，进行车轮定位参数的检测；(2)并能根据检测结果做出正确的维修结论

操作设备：(1)整车；(2)150 件套装工具；(3)四轮定位仪；(4)卷尺；(5)轮胎气压表；(6)维修手册

操作材料：(1)抹布、手套、车内外三件套；(2)清洁剂

评分标准						
考核内容		考核点及评分要求	分值	扣分	得分	备注
作业准备		工作服与安全鞋，女性要求戴帽	2			
		车辆信息填写	1			
		工具、备件检查	2			
维修手册使用	关键数据使用维修手册确认	查询操作流程	2			
		查询技术参数	2			

续附表56

考核内容		考核点及评分要求	分值	扣分	得分	备注
车轮定位参数检测与车轮前束值调整	操作步骤	将车辆升至合适高度	5			
		检测胎压	4			
		检查车轮与轮胎	4			
		检查车轮转向节	4			
		检查横拉杆球头	4			
		检查前悬挂下控制臂球头	4			
		检查前悬挂下控制臂轴承	4			
		检查前减振器与弹簧	4			
		检查前平衡杆与连杆	4			
		将车辆升至合适高度检查前束	4			
		检查前束参数	5			
		对正方向盘并固定再定位	5			
		松开横拉杆端固定螺帽	5			
		调整前轮前束值	5			
		拧紧横拉杆端部固定螺帽	5			
		再次检查前束参数	5			
	否决项	操作过程中造成人员或者工具设备损伤				本次考核计0分
		不按要求进行危险操作，裁判可终止考核				
作业后整理	清洁工具、工作台、场地、设备等	清洁	2			
		用过的清洁布、车内三件套等放入垃圾桶	2			
作业规范	按规定流程和方法进行作业	流程清楚，方法正确	2			
安全与6S	整个工作过程中的安全与6S	场地整洁，物品摆放有序	2			
		无安全问题	2			
维修工单		按要求填写，记录准确	10			
合计			100			

3. HX3-3：电气系统检测作业

（1）HX3-3-1：蓄电池性能检测与寄生电流测试（附表57）。

附表57 蓄电池性能检测与寄生电流测试作业评分标准

HX3-3-1：蓄电池性能检测与寄生电流测试

考核时长：60 min	考核地点：机电维修工位	考核方式：实操

任务描述：（1）检查蓄电池的电压及性能，完成车辆寄生电流的测量；（2）并能根据检测结果做出正确的维修结论

操作设备：（1）整车；（2）150件套装工具；（3）数字万用表；（4）蓄电池检测仪；（5）寄生电流测试仪；（6）维修手册

操作材料：抹布、手套、车内外三件套

评分标准

考核内容		考核点及评分要求	分值	扣分	得分	备注
作业准备		工作服与安全鞋，女性要求戴帽	2			
		车辆信息填写	1			
		工具、备件检查	2			
维修手册使用	关键数据使用维修手册确认	查询操作流程	2			
		查询技术参数	2			
蓄电池性能检测与寄生电流测试	操作步骤	安装车内三件套	2			
		降下主驾驶侧玻璃	2			
		打开发动机机舱盖	2			
		安装车外三件套	2			
		先连接蓄电池检测仪正极线	3			
		后连接蓄电池检测仪负极线	3			
		正确选择测试内容	3			
		正确输入低温起动电流值	3			
		描述蓄电池性能测试结果	3			
		将蓄电池负极电缆断开	3			

续附表 57

考核内容		考核点及评分要求	分值	扣分	得分	备注
蓄电池性能检测与寄生电流测试	操作步骤	将寄生电流测试仪的公接头端安装到蓄电池搭铁端子	3			
		将寄生电流测试仪开关置于关闭位置	3			
		将蓄电池负极电缆安装至寄生电流测试开关母接头端	3			
		将寄生电流测试仪开关置于打开位置	3			
		正确连接万用表	3			
		将数字式万用表置于 10 安挡	3			
		将寄生电流测试仪开关置于关闭位置	3			
		等待 1 分钟, 检查并记录电流读数	3			
		电流读数为 2 安或更低时, 将寄生电流测试开关置于 ON(接通) 位置	3			
		当寄生电流测试仪置于 OFF 位置时, 将数字式万用表调低至 2 安挡以得到更精确的读数	3			
		将寄生电流测试仪置于关闭位置	3			
		检查并记录电流读数	3			
		拆卸寄生电流测试仪	3			
		安装蓄电池负极端子	3			
		描述寄生电流测试结果	3			
	否决项	操作过程中造成人员或者工具设备损伤				本次考核计 0 分
		不按要求进行危险操作, 裁判可终止考核				
作业后整理	清洁工具、工作台、场地、设备等	清洁	2			
		用过的清洁布、车内三件套等放入垃圾桶	2			
作业规范	按规定流程和方法进行作业	流程清楚, 方法正确	2			

续附表57

考核内容		考核点及评分要求	分值	扣分	得分	备注
安全 与6S	整个工作过程 中的安全与6S	场地整洁，物品摆放有序	2			
		无安全问题	2			
维修工单		按要求填写，记录准确	10			
合计			100			

（2）HX3-3-2：空调制冷剂的回收与加注（附表58）。

附表58　空调制冷剂的回收与加注作业评分标准

HX3-3-2：空调制冷剂的回收与加注		
考核时长：60 min	考核地点：机电维修工位	考核方式：实操

任务描述：对车辆进行制冷剂的回收与加注操作

操作设备：（1）客户车辆；（2）空调制冷剂回收加注机；（3）电子检漏仪

操作材料：抹布、制冷剂、冷冻油、车辆防护件等

评分标准

考核内容		考核点及评分要求	分值	扣分	得分	备注
回收	准备	车辆防护	2			
		工具及用品准备	3			
	制冷剂 回收	关闭点火开关及所有用电器	2			
		检查回收加注机的制冷剂和压缩机油是否 足够	3			
		正确连接制冷剂回收加注机的管路	3			
		启动制冷剂回收加注机控制面板的回收键	2			
		制冷剂回收完成之前检查高低压表数值	2			
		正确设置制冷剂回收量	3			
		检查压缩机机油的排油量	5			
抽空	抽真空 作业	正确设定的抽真空时间	5			
		描述完成抽真空后低压表指数	2			
		描述保压后的低压表指数	3			

续附表 58

考核内容		考核点及评分要求	分值	扣分	得分	备注
加油	添加润滑油	设定的压缩机机油加注量	5			
		正确加注压缩机机油	5			
		描述实际的压缩机机油加注量	5			
加注	冷媒加注	描述该制冷系统的制冷剂额定加注量	5			
		正确设定的制冷剂加注量	5			
		正确取下高低压软管快速接头	5			
		制冷剂回收加注机管路的制冷剂是否完全回收	5			
		检查空调制冷性能是否正常	5			
		检查空调系统管道是否有泄漏	5			
安全与素养		操作步骤和标准是否查询维修手册	5			
		是否造成人身伤害	5			
		是否造成设备损坏	5			
		是否完成场地 6S	5			
合计			100			

（3）HX3-3-3：空调系统性能检测（附表 59）。

附表 59　空调系统性能检测作业评分标准

HX3-3-3：空调系统性能检测

考核时长：60 min	考核地点：机电维修工位	考核方式：实操

任务描述：（1）能正确安装空调压力表组，能正确读出压力表上高低压的压力值，能使用干湿温度计测量数据，能正确使用风速仪进行出风口风速的测量；（2）并能根据检测结果做出正确的维修结论

操作设备：（1）整车；（2）150 件套装工具；（3）风速仪；（4）干湿计；（5）空调压力表组；（6）维修手册；（7）防护手套；（8）防护目镜；（9）电子检漏仪

操作材料：（1）抹布、手套、车内外三件套；（2）制冷剂

续附表 59

评分标准						
考核内容		考核点及评分要求	分值	扣分	得分	备注
作业准备		工作服与安全鞋，女性要求戴帽	1			
		车辆信息填写	1			
		工具、备件检查	1			
维修手册使用	关键数据使用维修手册确认	查询操作流程	2			
		查询技术参数	2			
空调系统性能检测	操作步骤	安装室内三件套	2			
		安装室外三件套	2			
		安装车轮挡块	2			
		检查冷却液液位	2			
		检查机油液位	2			
		连接高压侧压力表管	3			
		连接低压侧压力表管	3			
		起动发动机	2			
		发动机转速稳定在 1500~2000 转/分	3			
		按下 A/C 开关	2			
		将风量开关置于最高挡	2			
		将出风口调至正向出风	2			
		将温度调节至最低温度	2			
		开启外循环模式	2			
		开启车窗	2			
		开启车门	2			
		检查环境温度和湿度	2			
		检查空调出风口温度	3			
		检查空调出风口风速	3			
		检查高压侧压力	2			
		检查低压侧压力	2			

续附表 59

考核内容		考核点及评分要求	分值	扣分	得分	备注
空调系统性能检测	操作步骤	关闭空调	2			
		发动机熄火	2			
		取下空调压力表	2			本次考核计0分
	否决项	操作过程中造成人员或者工具设备损伤				
		不按要求进行危险操作，裁判可终止考核				
作业后整理	清洁工具、工作台、场地、设备等	清洁	2			
		用过的清洁布、车内三件套等放入垃圾桶	3			
作业规范	按规定流程和方法进行作业	流程清楚，方法正确	5			
安全与6S	整个工作过程中的安全与6S	场地整洁，物品摆放有序	5			
		无安全问题	5			
维修工单		按要求填写，记录准确	20			
合计			100			

(4)HX3-3-4：玻璃升降器总成拆装与检测(附表60)。

附表 60 玻璃升降器总成拆装与检测作业评分标准

HX3-3-4：玻璃升降器总成拆装与检测		
考核时长：60 min	考核地点：机电维修工位	考核方式：实操
任务描述：(1)完成玻璃升降器总成拆装与检测；(2)填写维修工单		
操作设备：(1)客户车辆；(2)150件套装工具；(3)预置式扭力扳手；(4)LED头灯；(5)汽车内饰拆装工具		
操作材料：抹布、手套、车内三件套、车外三件套等		

续附表 60

评分标准					
考核内容		考核点及评分要求	分值	扣分	得分	备注
作业准备		工作服与安全鞋，女性要求戴帽	3			
		车辆信息填写	5			
维修手册使用	关键数据使用维修手册确认	查询前侧车窗的更换步骤	1			
		查询前侧门装饰件的更换	1			
		查询前侧门挡水板的更换步骤	1			
		查询前侧门车窗外侧密封条的更换步骤	1			
玻璃升降器总成拆装与检测	操作步骤	安装车辆挡块，连接尾气排放管	2			
		安装座椅、地板、方向盘三件套	3			
		降下主驾驶车窗玻璃	2			
		关闭点火开关	1			
		将车窗置于车门大约一半处位置	2			
		拆下前侧门装饰件	3			
		拆下前侧门挡水板	3			
		拆下前侧门车窗外侧密封条	3			
		拆下前侧门车窗升降器螺母	3			
		拆下前侧门车窗	3			
		安装车窗升降器螺母，待坚固状态	3			
		连接车门装饰板线束连接器	3			
		起动车辆，以确保向车窗电机提供最大的动力。需要将车窗完全定位，以便进行调整	3			
		使用电动车窗开关，使车窗上升至最上端位置	3			
		紧固前侧门车窗升降器螺母	3			
		检查车窗工作是否正常，密封是否良好	3			

续附表 60

考核内容		考核点及评分要求	分值	扣分	得分	备注
玻璃升降器总成拆装与检测	操作步骤	关闭发动机	1			
		安装前侧门车窗外侧密封条	3			
		安装前侧门挡水板	3			
		安装前侧门装饰件	3			
作业后整理	清洁工具、工作台、场地等	清洁车辆	3			
		用过的清洁布、车内三件套等放入垃圾桶	2			
作业规范	按规定流程和方法进行作业	流程清楚，方法正确	5			
安全与6S	整个工作过程中的安全与6S	场地整洁，物品摆放有序	5			
		无安全问题	5			
维修工单		按要求填写，记录值准确	15			
合计			100			

（5）HX3-3-5：雨刮器总成拆装与检测（附表 61）。

附表 61　雨刮器总成拆装与检测作业评分标准

HX3-3-5：雨刮器总成拆装与检测		
考核时长：60 min	考核地点：机电维修工位	考核方式：实操

任务描述：（1）检查雨刮片的磨损情况，完成雨刮器电机的测量。调整雨刮片复位的位置；（2）并能根据检测结果做出正确的维修结论

操作设备：（1）整车；（2）150 件套装工具；（3）雨刮臂拆卸器；（4）扭力扳手

操作材料：抹布、手套、车内外三件套

评分标准						
考核内容	考核点及评分要求		分值	扣分	得分	备注
作业准备	工作服与安全鞋，女性要求戴帽		2			
	车辆信息填写		1			
	工具、备件检查		2			

续附表 61

考核内容		考核点及评分要求	分值	扣分	得分	备注
维修手册使用	关键数据使用维修手册确认	查询操作流程	2			
		查询技术参数	2			
雨刮器总成拆装与检测	操作步骤	安装车内三件套	2			
		降下主驾驶侧玻璃	2			
		打开发动机机舱盖	2			
		安装车外三件套	2			
		将刮水器运行至复位位置	2			
		关闭启动停止按键及所有用电器	3			
		断开蓄电池负极电缆	5			
		撬下雨刮臂螺母盖罩	2			
		旋出雨刮臂固定螺母	2			
		使用雨刮臂拆卸器拆卸雨刮臂总成	3			
		拆卸通风饰板	2			
		断开前雨刮电机插头	2			
		旋出雨刮器固定螺栓	2			
		取下前雨刮电机及连杆总成	2			
		拆卸雨刮器片	4			
		测量雨刮电机	5			
		安装前雨刮电机及连杆总成	5			
		安装前雨刮电机插头	2			
		安装通风饰板	2			
		安装雨刮臂总成	5			
		安装紧固雨刮器固定螺栓至规定力矩	3			
		安装雨刮臂螺母盖罩	3			
		调节雨刮臂安装位置	5			
		安装蓄电池负极电缆	2			
		雨刮复位检查	3			
		关闭启动停止按键及所有用电器	3			

续附表61

考核内容		考核点及评分要求	分值	扣分	得分	备注
雨刮器总成拆装与检测	否决项	操作过程中造成人员或者工具设备损伤	/			本次考核计0分
		不按要求进行危险操作,裁判可终止考核				
作业后整理	清洁工具、工作台、场地、设备等	清洁	2			
		用过的清洁布、车内三件套等放入垃圾桶	2			
作业规范	按规定流程和方法进行作业	流程清楚,方法正确	2			
安全与6S	整个工作过程中的安全与6S	场地整洁,物品摆放有序	3			
		无安全问题	2			
维修工单		按要求填写,记录准确	10			
合计			100			

4.HX3-4：发动机故障诊断作业

（1）HX3-4-1：车身模块不通信故障诊断与排除（附表62）。

附表62　车身模块不通信故障诊断与排除作业评分标准

HX3-4-1：车身模块不通信故障诊断与排除		
考核时长：60 min	考核地点：机电维修工位	考核方式：实操

任务描述：（1）完成车身模块不通信故障诊断与排除；（2）填写维修工单

操作设备：（1）客户车辆；（2）诊断仪；（3）数字万用表；（4）T208 接线盒；（5）试灯；（6）150 件套装工具；（7）示波器；（8）LED 头灯；（9）内饰拆装工具

操作材料：抹布、手套、车内三件套、车外三件套等

评分标准						
考核内容	考核点及评分要求		分值	扣分	得分	备注
作业准备	工作服与安全鞋,女性要求戴帽		2			
	车辆信息填写		2			
	工具、备件及工作环境检查		1			

续附表 62

考核内容		考核点及评分要求	分值	扣分	得分	备注
维修手册使用	关键数据使用维修手册确认	查询车身模块电路图	3			
		查询车身模块不通信故障诊断步骤	3			
车身模块不通讯故障诊断与排除	操作步骤	设置车轮挡块,连接尾气排放管	3			
		开启车门,做好车内防护,降下主驾驶玻璃	3			
		开启引擎盖,做好车外防护和发动机舱常规检查	3			
		确认车身模块不通信故障现象	4			
		能正确使用诊断仪读取故障码	5			
		能正确使用诊断仪读取数据流	4			
		根据故障码和数据流判读故障范围	5			
		通过基本检查排除简单故障	4			
		能正确测试电路	5			
		能正确测试部件	5			
		能确定故障点,提出维修建议,并修复故障	4			
		再次读取故障码,确认故障已排除	3			
		再次读取数据流,确认故障已排除	3			
		通过操作,确认车身模块通信正常	3			
作业后整理	清洁工具、工作台、场地等	清洁车辆	3			
		用过的清洁布、车内三件套等放入垃圾桶	2			
作业规范	按规定流程和方法进行作业	流程清楚,方法正确	5			
安全与 6S	整个工作过程中的安全与 6S	场地整洁,物品摆放有序	5			
		无安全问题	5			
维修工单		按要求填写,记录值准确	15			
合计			100			

（2）HX3-4-2：发动机失去通信的故障诊断与排除（附表63）。

附表63 发动机失去通信的故障诊断与排除作业评分标准

HX3-4-2：发动机失去通信的故障诊断与排除

考核时长：60 min	考核地点：机电维修工位	考核方式：实操

任务描述：（1）运用诊断仪读取故障码和数据流，对控制电路进行检测，完成故障诊断；（2）并能根据检测结果做出正确的维修结论

操作设备：（1）整车；（2）150件套装工具；（3）诊断仪；（4）示波器；（5）万用表

操作材料：抹布、手套、车内外三件套

评分标准

考核内容		考核点及评分要求	分值	扣分	得分	备注
作业准备		工作服与安全鞋，女性要求戴帽	2			
		车辆信息填写	1			
		工具、备件检查	2			
维修手册使用	关键数据使用维修手册确认	查询操作流程	2			
		查询技术参数	2			
发动机失去通讯的故障诊断与排除	操作步骤	安装车内三件套	2			
		降下主驾驶侧玻璃	2			
		打开发动机机舱盖	2			
		安装车外三件套	2			
		确认故障现象	2			
		观察仪表显示情况	2			
		连接诊断仪	5			
		读取故障码	5			
		读取数据流	2			
		分析描述故障可能的原因	5			
		检测发动机控制模块电源供电情况	5			
		检测发动机控制模块接地情况	5			
		检测发动机控制线束连接情况	5			
		检测 CAN 网络电压	5			

续附表 63

考核内容		考核点及评分要求	分值	扣分	得分	备注
发动机失去通讯的故障诊断与排除	操作步骤	检测 CAN 网络电阻	5			
		正确连接示波器	2			
		检测 CAN 网络波形	5			
		确认故障点	5			
		描述维修结论	5			
	否决项	操作过程中造成人员或者工具设备损伤	/			本次考核计 0 分
		不按要求进行危险操作，裁判可终止考核				
作业后整理	清洁工具、工作台、场地、设备等	清洁	2			
		用过的清洁布、车内三件套等放入垃圾桶	2			
作业规范	按规定流程和方法进行作业	流程清楚，方法正确	2			
安全与 6S	整个工作过程中的安全与 6S	场地整洁，物品摆放有序	2			
		无安全问题	2			
维修工单		按要求填写，记录准确	10			
合计			100			

（3）HX3-4-3：传感器波形检测与分析（附表 64）。

附表 64　传感器波形检测与分析作业评分标准

HX3-4-3：传感器波形检测与分析		
考核时长：60 min	考核地点：机电维修工位	考核方式：实操
任务描述：（1）完成传感器波形检测与分析任务（以凸轮轴位置传感器为例）；（2）填写维修工单		
操作设备：（1）客户车辆；（2）数字万用表；（3）T208 接线盒；（4）150 件套装工具；（5）示波器；（6）LED 头灯		
操作材料：抹布、手套、车内三件套、车外三件套等		

续附表 64

评分标准						
考核内容		考核点及评分要求	分值	扣分	得分	备注
作业准备		工作服与安全鞋，女性要求戴帽	2			
		车辆信息填写	2			
		工具、备件及工作环境检查	1			
维修手册使用	关键数据使用维修手册确认	查询凸轮轴位置传感器电路图	5			
		查询凸轮轴位置传感器的标准波形图	5			
凸轮轴位置传感器波形检测与分析	操作步骤	设置车轮挡块，连接尾气排放管	3			
		开启车门，做好车内防护，降下主驾驶玻璃	3			
		开启引擎盖，做好车外防护和发动机舱常规检查	3			
		能准确地找到凸轮轴位置传感器及安装位置	6			
		能准确判断凸轮轴位置传感器各针脚的功能	6			
		能正确使用示波器测量凸轮轴位置传感器波形	8			
		能正确采集到所测波形并进行记录	7			
		能正确判断所测波形是否正常	7			
		能正确对所测波形进行分析	7			
作业后整理	清洁工具、工作台、场地等	清洁车辆	3			
		用过的清洁布、车内三件套等放入垃圾桶	2			
作业规范	按规定流程和方法进行作业	流程清楚，方法正确	5			
安全与6S	整个工作过程中的安全与6S	场地整洁，物品摆放有序	5			
		无安全问题	5			
维修工单		按要求填写，记录值准确	15			
合计			100			

(4)HX3-4-4：执行器波形检测与分析(附表65)。

附表65 执行器波形检测与分析作业评分标准

HX3-4-4：执行器波形检测与分析

考核时长：60 min	考核地点：机电维修工位	考核方式：实操

任务描述：(1)完成执行器波形检测与分析任务(以喷油器波形为例)；(2)填写维修工单

操作设备：(1)客户车辆；(2)数字万用表；(3)T208 接线盒；(4)150 件套装工具；(5)示波器；(6)LED 头灯

操作材料：抹布、手套、车内三件套、车外三件套等

评分标准

考核内容		考核点及评分要求	分值	扣分	得分	备注
作业准备		工作服与安全鞋，女性要求戴帽	2			
		车辆信息填写	2			
		工具、备件及工作环境检查	1			
维修手册使用	关键数据使用维修手册确认	查询喷油器电路图	5			
		查询喷油器的标准波形图	5			
喷油器波形检测与分析	操作步骤	设置车轮挡块，连接尾气排放管	3			
		开启车门，做好车内防护，降下主驾驶玻璃	3			
		开启引擎盖，做好车外防护和发动机舱常规检查	3			
		能准确地找到喷油器及安装位置	6			
		能准确判断喷油器各针脚的功能	6			
		能正确使用示波器测量喷油器波形	8			
		能正确采集到所测波形并进行记录	7			
		能正确判断所测波形是否正常	7			
		能正确对所测波形进行分析	7			
作业后整理	清洁工具、工作台、场地等	清洁车辆	3			
		用过的清洁布、车内三件套等放入垃圾桶	2			

续附表 65

考核内容		考核点及评分要求	分值	扣分	得分	备注
作业规范	按规定流程和方法进行作业	流程清楚，方法正确	5			
安全与6S	整个工作过程中的安全与6S	场地整洁，物品摆放有序	5			
		无安全问题	5			
维修工单		按要求填写，记录值准确	15			
合计			100			

（5）HX3-4-5：发动机 ECU 电源故障诊断与排除（附表 66）。

附表 66　发动机 ECU 电源故障诊断与排除作业评分标准

HX3-4-5：发动机 ECU 电源故障诊断与排除

考核时长：60 min	考核地点：机电维修工位	考核方式：实操

任务描述：（1）完成发动机 ECU 电源故障诊断与排除；（2）填写维修工单

操作设备：（1）客户车辆；（2）诊断仪；（3）数字万用表；（4）T208 接线盒；（5）150 件套装工具；（6）LED 头灯；（7）内饰拆装工具

操作材料：抹布、手套、车内三件套、车外三件套等

评分标准

考核内容		考核点及评分要求	分值	扣分	得分	备注
作业准备		工作服与安全鞋，女性要求戴帽	2			
		车辆信息填写	2			
		工具、备件及工作环境检查	1			
维修手册使用	关键数据使用维修手册确认	查询发动机 ECU 电源电路图	3			
		查询发动机 ECU 电源故障诊断步骤	3			

续附表 66

考核内容		考核点及评分要求	分值	扣分	得分	备注
发动机 ECU 电源故障诊断与排除	操作步骤	设置车轮挡块，连接尾气排放管	3			
		开启车门，做好车内防护，降下主驾驶玻璃	3			
		开启引擎盖，做好车外防护和发动机舱常规检查	3			
		能确定发动机 ECU 故障现象	4			
		能正确使用诊断仪读取故障码	5			
		能正确使用诊断仪读取数据流	4			
		根据故障码和数据流判读故障范围	5			
		通过基本检查排除简单故障	4			
		能正确测试发动机 ECU 的供电	5			
		能正确测试发动机 ECU 的搭铁	5			
		能确定故障点，提出维修建议，并修复故障	4			
		再次读取故障码，确认故障已排除	3			
		再次读取数据流，确认故障已排除	3			
		通过操作，确认发动机 ECU 模块工作正常	3			
作业后整理	清洁工具、工作台、场地等	清洁车辆	3			
		用过的清洁布、车内三件套等放入垃圾桶	2			
作业规范	按规定流程和方法进行作业	流程清楚，方法正确	5			
安全与 6S	整个工作过程中的安全与 6S	场地整洁，物品摆放有序	5			
		无安全问题	5			
维修工单		按要求填写，记录值准确	15			
合计			100			

(6) HX3-4-6：起动机不工作的故障诊断与排除(附表 67)。

附表 67　起动机不工作故障诊断与排除作业评分标准

HX3-4-6：起动机不工作故障诊断与排除

考核时长：60 min	考核地点：机电维修工位	考核方式：实操

任务描述：(1)完成起动机不工作故障诊断与排除；(2)填写维修工单

操作设备：(1)客户车辆；(2)诊断仪；(3)数字万用表；(4)T208 接线盒；(5)150 件套装工具；(6)LED 头灯；(7)内饰拆装工具

操作材料：抹布、手套、车内三件套、车外三件套等

评分标准

考核内容		考核点及评分要求	分值	扣分	得分	备注
作业准备		工作服与安全鞋，女性要求戴帽	2			
		车辆信息填写	2			
		工具、备件及工作环境检查	1			
维修手册使用	关键数据使用维修手册确认	查询起动机电路图	3			
		查询起动机不工作故障诊断步骤	3			
起动机不工作故障诊断与排除	操作步骤	设置车轮挡块，连接尾气排放管	3			
		开启车门，做好车内防护，降下主驾驶玻璃	3			
		开启引擎盖，做好车外防护和发动机舱常规检查	3			
		能确定起动机不工作故障现象	4			
		能正确使用诊断仪读取故障码	5			
		能正确使用诊断仪读取数据流	5			
		根据故障码和数据流判读故障范围	5			
		通过基本检查排除简单故障	5			
		能正确测试电路	5			
		能正确测试部件	5			
		能确定故障点，提出维修建议，并修复故障	5			
		再次读取故障码，确认故障已排除	2			
		再次读取数据流，确认故障已排除	2			
		通过操作，确认起动机工作正常	2			

续附表 67

考核内容		考核点及评分要求	分值	扣分	得分	备注
作业后整理	清洁工具、工作台、场地等	清洁车辆	3			
		用过的清洁布、车内三件套等放入垃圾桶	2			
作业规范	按规定流程和方法进行作业	流程清楚，方法正确	5			
安全与 6S	整个工作过程中的安全与 6S	场地整洁，物品摆放有序	5			
		无安全问题	5			
维修工单		按要求填写，记录值准确	15			
合计			100			

（7）HX3-4-7：单缸缺火的故障诊断与排除（附表 68）。

附表 68　单缸缺火故障诊断与排除作业评分标准

HX3-4-7：单缸缺火故障诊断与排除

考核时长：60 min	考核地点：机电维修工位	考核方式：实操

任务描述：（1）完成单缸缺火故障诊断与排除；（2）填写维修工单

操作设备：（1）客户车辆；（2）诊断仪；（3）数字万用表；（4）T208 接线盒；（5）150 件套装工具；（6）LED 头灯；（7）内饰拆装工具

操作材料：抹布、手套、车内三件套、车外三件套等

评分标准

考核内容		考核点及评分要求	分值	扣分	得分	备注
作业准备		工作服与安全鞋，女性要求戴帽	2			
		车辆信息填写	2			
		工具、备件及工作环境检查	1			
维修手册使用	关键数据使用维修手册确认	查询点火系统电路图	3			
		查询点火系统故障诊断步骤	3			

续附表 68

考核内容		考核点及评分要求	分值	扣分	得分	备注
单缸缺火故障诊断与排除	操作步骤	设置车轮挡块，连接尾气排放管	3			
		开启车门，做好车内防护，降下主驾驶玻璃	3			
		开启引擎盖，做好车外防护和发动机舱常规检查	3			
		能确定发动机抖动故障现象	4			
		能正确使用诊断仪读取故障码	5			
		能正确使用诊断仪读取数据流	5			
		根据故障码和数据流判读故障范围	5			
		通过基本检查排除简单故障	5			
		能正确测试电路	5			
		能正确测试部件	5			
		能确定故障点，提出维修建议，并修复故障	5			
		再次读取数据流，确认故障已排除	4			
		通过操作，确认发动机点火系统工作正常	2			
作业后整理	清洁工具、工作台、场地等	清洁车辆	3			
		用过的清洁布、车内三件套等放入垃圾桶	2			
作业规范	按规定流程和方法进行作业	流程清楚，方法正确	5			
安全与6S	整个工作过程中的安全与6S	场地整洁，物品摆放有序	5			
		无安全问题	5			
维修工单		按要求填写，记录值准确	15			
合计			100			

（8）HX3-4-8：燃油供给系统不工作的故障诊断与排除（附表69）。

附表69　燃油供给系统不工作故障诊断与排除作业评分标准

HX3-4-8：燃油供给系统不工作故障诊断与排除

考核时长：60 min	考核地点：机电维修工位	考核方式：实操

任务描述：(1)完成燃油系统不工作故障诊断与排除；(2)填写维修工单

操作设备：(1)客户车辆；(2)诊断仪；(3)数字万用表；(4)T208接线盒；(5)150件套装工具；(6)LED头灯；(7)内饰拆装工具

操作材料：抹布、手套、车内三件套、车外三件套等

评分标准

考核内容		考核点及评分要求	分值	扣分	得分	备注
作业准备		工作服与安全鞋，女性要求戴帽	2			
		车辆信息填写	2			
		工具、备件及工作环境检查	1			
维修手册使用	关键数据使用维修手册确认	查询燃油供给系统电路图	3			
		查询燃油供给系统故障诊断步骤	2			
燃油供给系统不工作故障诊断与排除	操作步骤	设置车轮挡块，连接尾气排放管	2			
		开启车门，做好车内防护，降下主驾驶玻璃	2			
		开启引擎盖，做好车外防护和发动机舱常规检查	2			
		能确定燃油供给系统不工作故障现象	6			
		能正确使用诊断仪读取故障码	5			
		能正确使用诊断仪读取数据流	5			
		根据故障码和数据流判读故障范围	5			
		通过基本检查排除简单故障	5			
		能正确测试电路	6			
		能正确测试部件	6			
		能确定故障点，提出维修建议，并修复故障	5			
		再次读取故障码，确认故障已排除	2			
		再次读取数据流，确认故障已排除	2			
		通过操作，确认发动机点火系统工作正常	2			

续附表 69

考核内容		考核点及评分要求	分值	扣分	得分	备注
作业后整理	清洁工具、工作台、场地等	清洁车辆	3			
		用过的清洁布、车内三件套等放入垃圾桶	2			
作业规范	按规定流程和方法进行作业	流程清楚，方法正确	5			
安全与 6S	整个工作过程中的安全与 6S	场地整洁，物品摆放有序	5			
		无安全问题	5			
维修工单		按要求填写，记录值准确	15			
合计			100			

（9）HX3-4-9：进气系统（涡轮增压）故障诊断与排除（附表 70）。

附表 70　进气系统（涡轮增压）故障诊断与排除作业评分标准

HX3-4-9：进气系统（涡轮增压）故障诊断与排除		
考核时长：60 min	考核地点：机电维修工位	考核方式：实操

任务描述：（1）完成进气系统（涡轮增压）故障诊断与排除；（2）填写维修工单

操作设备：（1）客户车辆；（2）诊断仪；（3）数字万用表；（4）T208 接线盒；（5）150 件套装工具；（6）LED 头灯

操作材料：抹布、手套、车内三件套、车外三件套等

评分标准						
考核内容		考核点及评分要求	分值	扣分	得分	备注
作业准备		工作服与安全鞋，女性要求戴帽	2			
		车辆信息填写	2			
		工具、备件及工作环境检查	1			
维修手册使用	关键数据使用维修手册确认	查询涡轮增压器控制电路图	3			
		查询涡轮增压器维修手册	3			

续附表 70

考核内容		考核点及评分要求	分值	扣分	得分	备注
进气系统（涡轮增压）故障诊断与排除	操作步骤	设置车轮挡块，连接尾气排放管	3			
		开启车门，做好车内防护，降下主驾驶玻璃	3			
		开启引擎盖，做好车外防护和发动机舱常规检查	3			
		能确车辆涡轮增压故障现象	4			
		能正确使用诊断仪读取故障码	5			
		能正确使用诊断仪读取数据流	4			
		根据故障码和数据流判读故障范围	5			
		通过基本检查排除简单故障	4			
		能正确测试电路	5			
		能正确测试部件	5			
		能确定故障点，提出维修建议，并修复故障	4			
		再次读取故障码，确认故障已排除	3			
		再次读取数据流，确认故障已排除	3			
		通过操作，确认涡轮增压工作正常	3			
作业后整理	清洁工具、工作台、场地等	清洁车辆	3			
		用过的清洁布、车内三件套等放入垃圾桶	2			
作业规范	按规定流程和方法进行作业	流程清楚，方法正确	5			
安全与6S	整个工作过程中的安全与6S	场地整洁，物品摆放有序	5			
		无安全问题	5			
维修工单		按要求填写，记录值准确	15			
合计			100			

（10）HX3-4-10：排气系统（排气净化）故障诊断与排除（附表71）。

附表71 排气系统(排气净化)故障诊断与排除作业评分标准

HX3-4-10：排气系统(排气净化)故障诊断与排除		
考核时长：60 min	考核地点：机电维修工位	考核方式：实操
任务描述：(1)完成排气系统(排气净化)故障诊断与排除；(2)填写维修工单		
操作设备：(1)客户车辆；(2)诊断仪；(3)数字万用表；(4)T208接线盒；(5)150件套装工具；(6)LED头灯；(7)尾气分析仪		
操作材料：抹布、手套、车内三件套、车外三件套等		

评分标准

考核内容		考核点及评分要求	分值	扣分	得分	备注
作业准备		工作服与安全鞋，女性要求戴帽	2			
		车辆信息填写	2			
		工具、备件及工作环境检查	1			
维修手册使用	关键数据使用维修手册确认	查询排气系统电路图	3			
		查询维修手册中排气系统的检修步骤	3			
排气系统(排气净化)故障诊断与排除	操作步骤	设置车轮挡块，连接尾气排放管	3			
		开启车门，做好车内防护，降下主驾驶玻璃	3			
		开启引擎盖，做好车外防护和发动机舱常规检查	3			
		确认排气系统(排气净化)故障现象	4			
		能正确使用诊断仪读取故障码	5			
		能正确使用诊断仪读取数据流	4			
		根据故障码和数据流判读故障范围	5			
		通过基本检查排除简单故障	4			
		能正确使用尾气分析仪进行尾气检测	5			
		能正确分析尾气检测结果并做出判断	5			
		能确定故障点，提出维修建议，并修复故障	4			
		再次读取故障码，确认故障已排除	3			
		再次读取数据流，确认故障已排除	3			
		通过操作，排气系统(排气净化)工作正常	3			

续附表 71

考核内容		考核点及评分要求	分值	扣分	得分	备注
作业后整理	清洁工具、工作台、场地等	清洁车辆	3			
		用过的清洁布、车内三件套等放入垃圾桶	2			
作业规范	按规定流程和方法进行作业	流程清楚，方法正确	5			
安全与 6S	整个工作过程中的安全与 6S	场地整洁，物品摆放有序	5			
		无安全问题	5			
维修工单		按要求填写，记录值准确	15			
合计			100			

5. HX3-5：底盘故障诊断作业

(1) HX3-5-1：自动变速器故障指示灯常亮的故障诊断与排除（附表 72）。

附表 72 自动变速器故障指示灯常亮故障诊断与排除作业评分标准

HX3-5-1：自动变速器故障指示灯常亮故障诊断与排除		
考核时长：60 min	考核地点：机电维修工位	考核方式：实操

任务描述：(1)完成自动变速器故障指示灯常亮故障诊断与排除；(2)填写维修工单

操作设备：(1)客户车辆；(2)诊断仪；(3)数字万用表；(4)T208 接线盒；(5)150 件套装工具；(6)LED 头灯；(7)内饰拆装工具

操作材料：抹布、手套、车内三件套、车外三件套等

评分标准						
考核内容		考核点及评分要求	分值	扣分	得分	备注
作业准备		工作服与安全鞋，女性要求戴帽	2			
		车辆信息填写	2			
		工具、备件及工作环境检查	1			
维修手册使用	关键数据使用维修手册确认	查询自动变速器电路图	3			
		查询自动变速器故障诊断步骤	2			

续附表 72

考核内容		考核点及评分要求	分值	扣分	得分	备注
自动变速器故障指示灯常亮故障诊断与排除	操作步骤	设置车轮挡块，连接尾气排放管	2			
		开启车门，做好车内防护，降下主驾驶玻璃	2			
		开启引擎盖，做好车外防护和发动机舱常规检查	2			
		能确定自动变速器故障指示灯常亮故障现象	3			
		能正确使用诊断仪读取故障码	5			
		能正确使用诊断仪读取数据流	5			
		根据故障码和数据流判读故障范围	5			
		通过基本检查排除简单故障	5			
		能正确测试电路	6			
		能正确测试部件	6			
		能确定故障点，提出维修建议，并修复故障	7			
		再次读取故障码，确认故障已排除	2			
		再次读取数据流，确认故障已排除	2			
		通过操作，确认自动变速器故障指示灯恢复正常	3			
作业后整理	清洁工具、工作台、场地等	清洁车辆	3			
		用过的清洁布、车内三件套等放入垃圾桶	2			
作业规范	按规定流程和方法进行作业	流程清楚，方法正确	5			
安全与6S	整个工作过程中的安全与6S	场地整洁，物品摆放有序	5			
		无安全问题	5			
维修工单		按要求填写，记录值准确	15			
合计			100			

（2）HX3-5-2：电动转向系统故障灯常亮的故障诊断与排除（附表73）。

附表73　电动转向系统故障灯常亮故障诊断与排除作业评分标准

HX3-5-2：电动转向系统故障灯常亮故障诊断与排除

考核时长：60 min	考核地点：机电维修工位	考核方式：实操

任务描述：（1）完成电动转向系统故障灯常亮故障诊断与排除；（2）填写维修工单

操作设备：（1）客户车辆；（2）诊断仪；（3）数字万用表；（4）T208接线盒；（5）150件套装工具；（6）LED头灯；（7）内饰拆装工具

操作材料：抹布、手套、车内三件套、车外三件套等

<table>
<tr><td colspan="7" align="center">评分标准</td></tr>
<tr><td colspan="2" align="center">考核内容</td><td align="center">考核点及评分要求</td><td>分值</td><td>扣分</td><td>得分</td><td>备注</td></tr>
<tr><td colspan="2" rowspan="3" align="center">作业准备</td><td>工作服与安全鞋，女性要求戴帽</td><td>2</td><td></td><td></td><td></td></tr>
<tr><td>车辆信息填写</td><td>2</td><td></td><td></td><td></td></tr>
<tr><td>工具、备件及工作环境检查</td><td>1</td><td></td><td></td><td></td></tr>
<tr><td rowspan="2">维修手册使用</td><td rowspan="2">关键数据使用维修手册确认</td><td>查询电动转向系统电路图</td><td>3</td><td></td><td></td><td></td></tr>
<tr><td>查询电动转向系统故障诊断步骤</td><td>2</td><td></td><td></td><td></td></tr>
<tr><td rowspan="15">电动转向系统故障灯常亮故障诊断与排除</td><td rowspan="15">操作步骤</td><td>设置车轮挡块，连接尾气排放管</td><td>2</td><td></td><td></td><td></td></tr>
<tr><td>开启车门，做好车内防护，降下主驾驶玻璃</td><td>2</td><td></td><td></td><td></td></tr>
<tr><td>开启引擎盖，做好车外防护和发动机舱常规检查</td><td>2</td><td></td><td></td><td></td></tr>
<tr><td>能确定电动转向系统故障灯常亮故障现象</td><td>3</td><td></td><td></td><td></td></tr>
<tr><td>能正确使用诊断仪读取故障码</td><td>5</td><td></td><td></td><td></td></tr>
<tr><td>能正确使用诊断仪读取数据流</td><td>5</td><td></td><td></td><td></td></tr>
<tr><td>根据故障码和数据流判读故障范围</td><td>5</td><td></td><td></td><td></td></tr>
<tr><td>通过基本检查排除简单故障</td><td>5</td><td></td><td></td><td></td></tr>
<tr><td>能正确测试电路</td><td>6</td><td></td><td></td><td></td></tr>
<tr><td>能正确测试部件</td><td>6</td><td></td><td></td><td></td></tr>
<tr><td>能确定故障点，提出维修建议，并修复故障</td><td>7</td><td></td><td></td><td></td></tr>
<tr><td>再次读取故障码，确认故障已排除</td><td>2</td><td></td><td></td><td></td></tr>
<tr><td>再次读取数据流，确认故障已排除</td><td>2</td><td></td><td></td><td></td></tr>
<tr><td>通过操作，确认电动转向系统故障灯恢复正常</td><td>3</td><td></td><td></td><td></td></tr>
</table>

续附表 73

考核内容		考核点及评分要求	分值	扣分	得分	备注
作业后整理	清洁工具、工作台、场地等	清洁车辆	3			
		用过的清洁布、车内三件套等放入垃圾桶	2			
作业规范	按规定流程和方法进行作业	流程清楚，方法正确	5			
安全与6S	整个工作过程中的安全与6S	场地整洁，物品摆放有序	5			
		无安全问题	5			
维修工单		按要求填写，记录值准确	15			
合计			100			

（3）HX3-5-3：电子转向系统检查与标定（附表74）。

附表 74　电子转向系统检查与标定作业评分标准

HX3-5-3：电子转向系统检查与标定		
考核时长：60 min	考核地点：机电维修工位	考核方式：实操
任务描述：（1）完成电子转向系统的检查与标定操作；（2）填写维修工单		
操作设备：（1）客户车辆；（2）诊断仪；（3）数字万用表；（4）弹簧秤；（5）150件套装工具；（6）手电筒		
操作材料：抹布、手套、车内三件套、车外三件套等		

评分标准						
考核内容		考核点及评分要求	分值	扣分	得分	备注
作业准备		工作服与安全鞋，女性要求戴帽	2			
		车辆信息填写	2			
		工具、备件及工作环境检查	1			
维修手册使用	关键数据使用维修手册确认	查询电子转向系统电路图	3			
		查询电子转向系统检查与标定步骤	2			

续附表 74

考核内容		考核点及评分要求	分值	扣分	得分	备注
电子转向系统检查与标定	操作步骤	设置车轮挡块，连接尾气排放管	2			
		开启车门，做好车内防护，降下主驾驶玻璃	2			
		开启引擎盖，做好车外防护和发动机舱常规检查	2			
		检查油液温度达到 40~80 度	3			
		检查轮胎气压是否正常	5			
		车前轮摆正	5			
		发动机怠速运转，检查转向盘操作力	5			
		转向盘回位检查	5			
		诊断仪车辆信息录入正确	6			
		能正确进行电子转向系统标定	20			
作业后整理	清洁工具、工作台、场地等	清洁车辆	3			
		用过的清洁布、车内三件套等放入垃圾桶	2			
作业规范	按规定流程和方法进行作业	流程清楚，方法正确	5			
安全与 6S	整个工作过程中的安全与 6S	场地整洁，物品摆放有序	5			
		无安全问题	5			
维修工单		按要求填写，记录值准确	15			
合计			100			

（4）HX3-5-4：ABS 故障灯常亮的故障诊断与排除（附表 75）。

附表 75　ABS 故障灯亮故障诊断与排除作业评分标准

HX3-5-4：ABS 故障灯亮故障诊断与排除		
考核时长：60 min	考核地点：机电维修工位	考核方式：实操
任务描述：（1）完成 ABS 故障灯亮故障诊断与排除；（2）填写维修工单		

续附表75

HX3-5-4: ABS 故障灯亮故障诊断与排除					

操作设备:(1)客户车辆;(2)诊断仪;(3)数字万用表;(4)T208 接线盒;(5)150 件套装工具;(6)LED 头灯;(7)内饰拆装工具

操作材料:抹布、手套、车内三件套、车外三件套等

评分标准

考核内容		考核点及评分要求	分值	扣分	得分	备注
作业准备		工作服与安全鞋,女性要求戴帽	2			
		车辆信息填写	2			
		工具、备件及工作环境检查	1			
维修手册使用	关键数据使用维修手册确认	查询 ABS 系统电路图	3			
		查询 ABS 系统故障诊断步骤	2			
ABS 故障灯亮故障诊断与排除	操作步骤	设置车轮挡块,连接尾气排放管	2			
		开启车门,做好车内防护,降下主驾驶玻璃	2			
		开启引擎盖,做好车外防护和发动机舱常规检查	2			
		能确定 ABS 故障灯亮故障现象	3			
		能正确使用诊断仪读取故障码	5			
		能正确使用诊断仪读取数据流	5			
		根据故障码和数据流判读故障范围	5			
		通过基本检查排除简单故障	5			
		能正确测试电路	6			
		能正确测试部件	6			
		能确定故障点,提出维修建议,并修复故障	7			
		再次读取故障码,确认故障已排除	2			
		再次读取数据流,确认故障已排除	2			
		通过操作,确认 ABS 故障灯恢复正常	3			

续附表 75

考核内容		考核点及评分要求	分值	扣分	得分	备注
作业后整理	清洁工具、工作台、场地等	清洁车辆	3			
		用过的清洁布、车内三件套等放入垃圾桶	2			
作业规范	按规定流程和方法进行作业	流程清楚，方法正确	5			
安全与6S	整个工作过程中的安全与6S	场地整洁，物品摆放有序	5			
		无安全问题	5			
维修工单		按要求填写，记录值准确	15			
合计			100			

(5) HX3-5-5：电子手刹工作异常故障诊断与排除(附表 76)。

附表 76 电子手刹工作异常故障诊断与排除作业评分标准

HX3-5-5：电子手刹工作异常故障诊断与排除

考核时长：60 min	考核地点：机电维修工位	考核方式：实操

任务描述：(1)完成电子手刹工作异常故障诊断与排除；(2)填写维修工单

操作设备：(1)客户车辆；(2)150 件套装工具；(3)诊断仪；(4)万用表

操作材料：抹布、手套、车内三件套、车外三件套等

评分标准

考核内容		考核点及评分要求	分值	扣分	得分	备注
作业准备		工作服与安全用品检查	2			
		车辆信息填写	1			
		工具、备件及工作环境检查	2			
维修手册使用	关键数据使用维修手册确认	查询电路图	5			
		查询数据与维修指引	5			

续附表 76

考核内容		考核点及评分要求	分值	扣分	得分	备注
电子手刹工作异常故障诊断与排除	操作步骤	安装座椅、地板、方向盘三件套	2			
		降下主驾驶车窗玻璃	2			
		安装车外三件套	2			
		验证故障现象	2			
		连接诊断仪	2			
		读取故障码	5			
		读取数据流	5			
		分析故障可能的原因	5			
		检查模块供电电源电路	5			
		检查模块接地电路	5			
		检查手刹开关信号	5			
		描述故障原因	5			
	否决项	操作过程中造成人员或者工具设备损伤				本次考核计0分
		不按要求进行危险操作，裁判可终止考核				
作业后整理	清洁工具、工作台、场地等	清洁车辆	2			
		用过的清洁布、车内三件套等放入垃圾桶	3			
作业规范	按规定流程和方法进行作业	流程清楚，方法正确	5			
安全与6S	整个工作过程中的安全与6S	场地整洁，物品摆放有序	5			
		无安全问题	5			
维修工单		按要求填写，记录值准确	20			
合计			100			

(6)HX3-5-6：电控悬架工作异常故障诊断与排除(附表77)。

附表 77　电控悬架工作异常故障诊断与排除作业评分标准

HX3-5-6：电控悬架工作异常故障诊断与排除		
考核时长：60 min	考核地点：机电维修工位	考核方式：实操
任务描述：(1)完成电控悬架工作异常故障诊断与排除；(2)填写维修工单		
操作设备：(1)客户车辆；(2)150 件套装工具；(3)诊断仪；(4)万用表		
操作材料：抹布、手套、车内三件套、车外三件套等		

评分标准

考核内容		考核点及评分要求	分值	扣分	得分	备注
作业准备		工作服与安全用品检查	2			
		车辆信息填写	1			
		工具、备件及工作环境检查	2			
维修手册使用	关键数据使用维修手册确认	查询电路图	5			
		查询数据与维修指引	5			
电控悬架工作异常故障诊断与排除	操作步骤	安装座椅、地板、方向盘三件套	2			
		降下主驾驶车窗玻璃	2			
		安装车外三件套	2			
		验证故障现象	2			
		连接诊断仪	2			
		读取故障码	5			
		读取数据流	5			
		分析故障可能的原因	5			
		检查模块电源电路	5			
		检查模块接地电路	5			
		检查传感器信号	5			
		描述故障原因	5			
	否决项	操作过程中造成人员或者工具设备损伤	/			本次考核计 0 分
		不按要求进行危险操作，裁判可终止考核				

续附表 77

考核内容		考核点及评分要求	分值	扣分	得分	备注
作业后整理	清洁工具、工作台、场地等	清洁车辆	2			
		用过的清洁布、车内三件套等放入垃圾桶	3			
作业规范	按规定流程和方法进行作业	流程清楚，方法正确	5			
安全与 6S	整个工作过程中的安全与 6S	场地整洁，物品摆放有序	5			
		无安全问题	5			
维修工单		按要求填写，记录值准确	20			
合计			100			

（7）HX3-5-7：胎压监测系统故障诊断与排除（见附表 78）。

附表 78　胎压监测系统故障诊断与排除作业评分标准

HX3-5-7：胎压监测系统故障诊断与排除		
考核时长：60 min	考核地点：机电维修工位	考核方式：实操

任务描述：（1）完成胎压监测系统故障诊断与排除；（2）填写维修工单。

操作设备：（1）客户车辆；（2）150 件套装工具；（3）诊断仪；（4）万用表

操作材料：抹布、手套、车内三件套、车外三件套等

评分标准

考核内容		考核点及评分要求	分值	扣分	得分	备注
作业准备		工作服与安全用品检查	2			
		车辆信息填写	1			
		工具、备件及工作环境检查	2			
维修手册使用	关键数据使用维修手册确认	查询电路图	5			
		查询数据与维修指引	5			

续附表 78

考核内容		考核点及评分要求	分值	扣分	得分	备注
胎压监测系统故障诊断与排除	操作步骤	安装座椅、地板、方向盘三件套	2			
		降下主驾驶车窗玻璃	2			
		安装车外三件套	2			
		验证故障现象	2			
		连接诊断仪	2			
		读取故障码	5			
		读取数据流	5			
		分析故障可能的原因	5			
		检查控制模块电源电路	5			
		检查控制模块接地电路	5			
		胎压传感器学习复位	5			
		描述故障原因	5			
	否决项	操作过程中造成人员或者工具设备损伤				本次考核计0分
		不按要求进行危险操作，裁判可终止考核				
作业后整理	清洁工具、工作台、场地等	清洁车辆	2			
		用过的清洁布、车内三件套等放入垃圾桶	3			
作业规范	按规定流程和方法进行作业	流程清楚，方法正确	5			
安全与6S	整个工作过程中的安全与6S	场地整洁，物品摆放有序	5			
		无安全问题	5			
维修工单		按要求填写，记录值准确	20			
合计			100			

6. HX3-6：电气系统故障诊断作业

（1）HX3-6-1：空调鼓风机不工作故障诊断与排除（附表79）。

附表 79 空调鼓风机不工作故障诊断与排除作业评分标准

HX3-6-1：空调鼓风机不工作故障诊断与排除		
考核时长：60 min	考核地点：机电维修工位	考核方式：实操

任务描述：（1）完成空调鼓风机不工作故障诊断与排除；（2）填写维修工单

操作设备：（1）客户车辆；（2）故障诊断仪；（3）数字万用表；（4）T208 接线盒；（5）试灯；（6）150 件套装工具；（7）预置式扭力扳手；（8）LED 头灯；（9）内饰拆装工具

操作材料：抹布、手套、车内三件套、车外三件套等

评分标准

考核内容		考核点及评分要求	分值	扣分	得分	备注
作业准备		工作服与安全鞋，女性要求戴帽	3			
		车辆信息填写	5			
维修手册使用	关键数据使用维修手册确认	查询空调鼓风机电路图	3			
		查询空调鼓风机不工作诊断步骤	3			
空调鼓风机不工作故障诊断与排除	操作步骤	设置车轮挡块，连接尾气排放管	3			
		开启车门，做好车内防护，降下主驾驶玻璃	3			
		开启引擎盖，做好车外防护和发动机舱常规检查	3			
		能确认鼓机不工作故障现象	4			
		能正确使用诊断仪读取故障码	4			
		能正确使用诊断仪读取数据流	4			
		根据故障码和数据流判读故障范围	4			
		通过基本检查排除简单故障	4			
		能正确测试电路	5			
		能正确测试部件	5			
		能确定故障点，提出维修建议，并修复故障	3			
		再次读取故障码，确认故障已排除	3			
		再次读取数据流，确认故障已排除	3			
		通过操作，确认鼓风机工作正常	3			

续附表 79

考核内容		考核点及评分要求	分值	扣分	得分	备注
作业后整理	清洁工具、工作台、场地等	清洁车辆	3			
		用过的清洁布、车内三件套等放入垃圾桶	2			
作业规范	按规定流程和方法进行作业	流程清楚，方法正确	5			
安全与 6S	整个工作过程中的安全与 6S	场地整洁，物品摆放有序	5			
		无安全问题	5			
维修工单		按要求填写，记录值准确	15			
合计			100			

（2）HX3-6-2：空调压缩机不工作的故障诊断与排除（附表 80）。

附表 80　空调压缩机不工作故障诊断与排除作业评分标准

HX3-6-2：空调压缩机不工作故障诊断与排除		
考核时长：60 min	考核地点：机电维修工位	考核方式：实操

任务描述：（1）完成空调压缩机不工作故障诊断与排除；（2）填写维修工单

操作设备：（1）客户车辆；（2）诊断仪；（3）数字万用表；（4）T208 接线盒；（5）150 件套装工具；（6）LED 头灯；（7）内饰拆装工具

操作材料：抹布、手套、车内三件套、车外三件套等

评分标准

考核内容		考核点及评分要求	分值	扣分	得分	备注
作业准备		工作服与安全鞋，女性要求戴帽	2			
		车辆信息填写	2			
		工具、备件及工作环境检查	1			
维修手册使用	关键数据使用维修手册确认	查询空调压缩机控制电路图	3			
		查询空调压缩机故障诊断步骤	2			

续附表 80

考核内容		考核点及评分要求	分值	扣分	得分	备注
空调压缩机不工作故障诊断与排除	操作步骤	设置车轮挡块，连接尾气排放管	2			
		开启车门，做好车内防护，降下主驾驶玻璃	2			
		开启引擎盖，做好车外防护和发动机舱常规检查	2			
		能确定空调压缩机不工作故障现象	3			
		能正确使用诊断仪读取故障码	5			
		能正确使用诊断仪读取数据流	5			
		根据故障码和数据流判读故障范围	5			
		通过基本检查排除简单故障	5			
		能正确测试电路	6			
		能正确测试部件	6			
		能确定故障点，提出维修建议，并修复故障	7			
		再次读取故障码，确认故障已排除	2			
		再次读取数据流，确认故障已排除	2			
		通过操作，确认空调压缩机工作恢复正常	3			
作业后整理	清洁工具、工作台、场地等	清洁车辆	3			
		用过的清洁布、车内三件套等放入垃圾桶	2			
作业规范	按规定流程和方法进行作业	流程清楚，方法正确	5			
安全与 6S	整个工作过程中的安全与 6S	场地整洁，物品摆放有序	5			
		无安全问题	5			
维修工单		按要求填写，记录值准确	15			
合计			100			

（3）HX3-6-3：前照灯不亮的故障诊断与排除（附表 81）。

附表81　前照灯不亮故障诊断与排除作业评分标准

HX3-6-3：前照灯不亮故障诊断与排除

考核时长：60 min	考核地点：机电维修工位	考核方式：实操

任务描述：（1）完成前照灯不亮故障诊断与排除；（2）填写维修工单

操作设备：（1）客户车辆；（2）诊断仪；（3）数字万用表；（4）T208 接线盒；（5）150 件套装工具；（6）LED 头灯；（7）内饰拆装工具

操作材料：抹布、手套、车内三件套、车外三件套等

评分标准

考核内容		考核点及评分要求	分值	扣分	得分	备注
作业准备		工作服与安全鞋，女性要求戴帽	2			
		车辆信息填写	2			
		工具、备件及工作环境检查	1			
维修手册使用	关键数据使用维修手册确认	查询前照灯电路图	3			
		查询前照灯不亮故障诊断步骤	2			
前照灯不亮故障诊断与排除	操作步骤	设置车轮挡块，连接尾气排放管	2			
		开启车门，做好车内防护，降下主驾驶玻璃	2			
		开启引擎盖，做好车外防护和发动机舱常规检查	2			
		能确定前照灯不亮故障现象	3			
		能正确使用诊断仪读取故障码	5			
		能正确使用诊断仪读取数据流	5			
		根据故障码和数据流判读故障范围	5			
		通过基本检查排除简单故障	5			
		能正确测试电路	6			
		能正确测试部件	6			
		能确定故障点，提出维修建议，并修复故障	7			
		再次读取故障码，确认故障已排除	2			
		再次读取数据流，确认故障已排除	2			
		通过操作，确认前照灯正常点亮	3			

续附表81

考核内容		考核点及评分要求	分值	扣分	得分	备注
作业后整理	清洁工具、工作台、场地等	清洁车辆	3			
		用过的清洁布、车内三件套等放入垃圾桶	2			
作业规范	按规定流程和方法进行作业	流程清楚，方法正确	5			
安全与6S	整个工作过程中的安全与6S	场地整洁，物品摆放有序	5			
		无安全问题	5			
维修工单		按要求填写，记录值准确	15			
合计			100			

（4）HX3-6-4：喇叭工作异常故障诊断与排除（附表82）。

附表82　喇叭工作异常故障诊断与排除作业评分标准

HX3-6-4：喇叭工作异常故障诊断与排除

考核时长：60 min	考核地点：机电维修工位	考核方式：实操

任务描述：（1）完成喇叭工作异常故障诊断与排除；（2）填写维修工单

操作设备：（1）客户车辆；（2）故障诊断仪；（3）数字万用表；（4）T208 接线盒；（5）试灯；（6）150 件套装工具；（7）预置式扭力扳手；（8）LED 头灯；（9）内饰拆装工具

操作材料：抹布、手套、车内三件套、车外三件套等

评分标准

考核内容		考核点及评分要求	分值	扣分	得分	备注
作业准备		工作服与安全鞋，女性要求戴帽	3			
		车辆信息填写	5			
维修手册使用	关键数据使用维修手册确认	查询喇叭电路图	3			
		查询喇叭工作异常诊断步骤	3			

续附表 82

考核内容		考核点及评分要求	分值	扣分	得分	备注
喇叭工作异常故障诊断与排除	操作步骤	设置车轮挡块,连接尾气排放管	3			
		开启车门,做好车内防护,降下主驾驶玻璃	3			
		开启引擎盖,做好车外防护和发动机舱常规检查	3			
		能确喇叭工作异常故障现象	4			
		能正确使用诊断仪读取故障码	4			
		能正确使用诊断仪读取数据流	4			
		根据故障码和数据流判读故障范围	4			
		通过基本检查排除简单故障	4			
		能正确测试电路	5			
		能正确测试部件	5			
		能确定故障点,提出维修建议,并修复故障	3			
		再次读取故障码,确认故障已排除	3			
		再次读取数据流,确认故障已排除	3			
		通过操作,确认喇叭工作正常	3			
作业后整理	清洁工具、工作台、场地等	清洁车辆	3			
		用过的清洁布、车内三件套等放入垃圾桶	2			
作业规范	按规定流程和方法进行作业	流程清楚,方法正确	5			
安全与 6S	整个工作过程中的安全与 6S	场地整洁,物品摆放有序	5			
		无安全问题	5			
维修工单		按要求填写,记录值准确	15			
合计			100			

(5)HX3-6-5:电动车窗不工作的故障诊断与排除(附表83)。

附表 83　电动车窗不工作故障诊断与排除作业评分标准

HX3-6-5：电动车窗不工作故障诊断与排除		
考核时长：60 min	考核地点：机电维修工位	考核方式：实操
任务描述：(1)完成电动车窗不工作故障诊断与排除；(2)填写维修工单		
操作设备：(1)客户车辆；(2)诊断仪；(3)数字万用表；(4)T208 接线盒；(5)150 件套装工具；(6)LED 头灯；(7)内饰拆装工具		
操作材料：抹布、手套、车内三件套、车外三件套等		

评分标准

考核内容		考核点及评分要求	分值	扣分	得分	备注
作业准备		工作服与安全鞋，女性要求戴帽	2			
		车辆信息填写	2			
		工具、备件及工作环境检查	1			
维修手册使用	关键数据使用维修手册确认	查询电动车窗电路图	3			
		查询电动车窗不工作故障诊断步骤	2			
电动车窗不工作故障诊断与排除	操作步骤	设置车轮挡块，连接尾气排放管	2			
		开启车门，做好车内防护，降下主驾驶玻璃	2			
		开启引擎盖，做好车外防护和发动机舱常规检查	2			
		能确定电动车窗不工作故障现象	4			
		能正确使用诊断仪读取故障码	5			
		能正确使用诊断仪读取数据流	5			
		根据故障码和数据流判读故障范围	5			
		通过基本检查排除简单故障	5			
		能正确测试电路	6			
		能正确测试部件	6			
		能确定故障点，提出维修建议，并修复故障	6			
		再次读取故障码，确认故障已排除	2			
		再次读取数据流，确认故障已排除	2			
		通过操作，确认电动车窗工作正常	3			

续附表 83

考核内容		考核点及评分要求	分值	扣分	得分	备注
作业后整理	清洁工具、工作台、场地等	清洁车辆	3			
		用过的清洁布、车内三件套等放入垃圾桶	2			
作业规范	按规定流程和方法进行作业	流程清楚，方法正确	5			
安全与6S	整个工作过程中的安全与6S	场地整洁，物品摆放有序	5			
		无安全问题	5			
维修工单		按要求填写，记录值准确	15			
合计			100			

(6)HX3-6-6：后视镜工作异常故障诊断与排除(附表84)。

附表 84　后视镜工作异常故障诊断与排除作业评分标准

HX3-6-6：后视镜工作异常故障诊断与排除		
考核时长：60 min	考核地点：机电维修工位	考核方式：实操

任务描述：(1)完成后视镜工作异常故障诊断与排除；(2)填写维修工单

操作设备：(1)客户车辆；(2)故障诊断仪；(3)数字万用表；(4)T208 接线盒；(5)试灯；(6)150 件套装工具；(7)预置式扭力扳手；(8)LED 头灯；(9)内饰拆装工具

操作材料：抹布、手套、车内三件套、车外三件套等

评分标准						
考核内容		考核点及评分要求	分值	扣分	得分	备注
作业准备		工作服与安全鞋，女性要求戴帽	3			
		车辆信息填写	5			
维修手册使用	关键数据使用维修手册确认	查询后视镜电路图	3			
		查询后视镜工作异常诊断步骤	3			

续附表84

考核内容		考核点及评分要求	分值	扣分	得分	备注
后视镜工作异常故障诊断与排除	操作步骤	设置车轮挡块，连接尾气排放管	3			
		开启车门，做好车内防护，降下主驾驶玻璃	3			
		开启引擎盖，做好车外防护和发动机舱常规检查	3			
		能确后视镜工作异常故障现象	4			
		能正确使用诊断仪读取故障码	4			
		能正确使用诊断仪读取数据流	4			
		根据故障码和数据流判读故障范围	4			
		通过基本检查排除简单故障	4			
		能正确测试电路	5			
		能正确测试部件	5			
		能确定故障点，提出维修建议，并修复故障	3			
		再次读取故障码，确认故障已排除	3			
		再次读取数据流，确认故障已排除	3			
		通过操作，确认后视镜工作正常	3			
作业后整理	清洁工具、工作台、场地等	清洁车辆	3			
		用过的清洁布、车内三件套等放入垃圾桶	2			
作业规范	按规定流程和方法进行作业	流程清楚，方法正确	5			
安全与6S	整个工作过程中的安全与6S	场地整洁，物品摆放有序	5			
		无安全问题	5			
维修工单		按要求填写，记录值准确	15			
合计			100			

（7）HX3-6-7：中控门锁不工作故障诊断与排除（附表85）。

附表 85 中控门锁不工作故障诊断与排除作业评分标准

HX3-6-7：中控门锁不工作故障诊断与排除		
考核时长：60 min	考核地点：机电维修工位	考核方式：实操

任务描述：(1)完成中控门锁不工作故障诊断与排除；(2)填写维修工单

操作设备：(1)客户车辆；(2)故障诊断仪；(3)数字万用表；(4)T208 接线盒；(5)试灯；(6)150 件套装工具；(7)预置式扭力扳手；(8)LED 头灯；(9)内饰拆装工具

操作材料：抹布、手套、车内三件套、车外三件套等

评分标准

考核内容		考核点及评分要求	分值	扣分	得分	备注
作业准备		工作服与安全鞋，女性要求戴帽	3			
		车辆信息填写	5			
维修手册使用	关键数据使用维修手册确认	查询中控门锁电路图	3			
		查询中控门锁工作异常诊断步骤	3			
中控门锁工作故障诊断与排除	操作步骤	设置车轮挡块，连接尾气排放管	3			
		开启车门，做好车内防护，降下主驾驶玻璃	3			
		开启引擎盖，做好车外防护和发动机舱常规检查	3			
		确认中控门锁不工作故障现象	4			
		能正确使用诊断仪读取故障码	4			
		能正确使用诊断仪读取数据流	4			
		根据故障码和数据流判读故障范围	4			
		通过基本检查排除简单故障	4			
		能正确测试电路	5			
		能正确测试部件	5			
		能确定故障点，提出维修建议，并修复故障	3			
		再次读取故障码，确认故障已排除	3			
		再次读取数据流，确认故障已排除	3			
		通过操作，确认中控门锁工作正常	3			

续附表 85

考核内容		考核点及评分要求	分值	扣分	得分	备注
作业后整理	清洁工具、工作台、场地等	清洁车辆	3			
		用过的清洁布、车内三件套等放入垃圾桶	2			
作业规范	按规定流程和方法进行作业	流程清楚，方法正确	5			
安全与6S	整个工作过程中的安全与6S	场地整洁，物品摆放有序	5			
		无安全问题	5			
维修工单		按要求填写，记录值准确	15			
合计			100			

（8）HX3-6-8：行车辅助系统故障诊断与排除（附表 86）。

附表 86　行车辅助系统故障诊断与排除作业评分标准

HX3-6-8：行车辅助系统故障诊断与排除

考核时长：60 min	考核地点：机电维修工位	考核方式：实操

任务描述：（1）完成行车辅助系统故障诊断与排除；（2）填写维修工单

操作设备：（1）客户车辆；（2）故障诊断仪；（3）数字万用表；（4）T208 接线盒；（5）试灯；（6）150 件套装工具；（7）预置式扭力扳手；（8）LED 头灯；（9）内饰拆装工具

操作材料：抹布、手套、车内三件套、车外三件套等

评分标准

考核内容		考核点及评分要求	分值	扣分	得分	备注
作业准备		工作服与安全鞋，女性要求戴帽	3			
		车辆信息填写	5			
维修手册使用	关键数据使用维修手册确认	查询行车辅助系统电路图	3			
		查询行车辅助系统故障诊断步骤	3			

续附表 86

考核内容		考核点及评分要求	分值	扣分	得分	备注
行车辅助系统故障诊断与排除	操作步骤	设置车轮挡块，连接尾气排放管	3			
		开启车门，做好车内防护，降下主驾驶玻璃	3			
		开启引擎盖，做好车外防护和发动机舱常规检查	3			
		确认行车辅助系统工作异常故障现象	4			
		能正确使用诊断仪读取故障码	4			
		能正确使用诊断仪读取数据流	4			
		根据故障码和数据流判读故障范围	4			
		通过基本检查排除简单故障	4			
		能正确测试电路	5			
		能正确测试部件	5			
		能确定故障点，提出维修建议，并修复故障	3			
		再次读取故障码，确认故障已排除	3			
		再次读取数据流，确认故障已排除	3			
		通过操作，确认行车辅助系统工作正常	3			
作业后整理	清洁工具、工作台、场地等	清洁车辆	3			
		用过的清洁布、车内三件套等放入垃圾桶	2			
作业规范	按规定流程和方法进行作业	流程清楚，方法正确	5			
安全与 6S	整个工作过程中的安全与 6S	场地整洁，物品摆放有序	5			
		无安全问题	5			
维修工单		按要求填写，记录值准确	15			
合计			100			

(9)HX3-6-9：娱乐系统故障诊断与排除(见附表87)。

附表 87　娱乐系统故障诊断与排除作业评分标准

HX3-6-9：娱乐系统故障诊断与排除						
考核时长：60 min		考核地点：机电维修工位		考核方式：实操		
任务描述：(1)完成娱乐系统故障诊断与排除；(2)填写维修工单						
操作设备：客户车辆；(2)故障诊断仪；(3)数字万用表；(4)T208接线盒；(5)试灯；(6)150件套装工具；(7)预置式扭力扳手；(8)LED头灯；(9)内饰拆装工具						
操作材料：抹布、手套、车内三件套、车外三件套等						
评分标准						
考核内容		考核点及评分要求	分值	扣分	得分	备注
作业准备		工作服与安全鞋，女性要求戴帽	3			
		车辆信息填写	5			
维修手册使用	关键数据使用维修手册确认	查询娱乐系统电路图	3			
		查询娱乐系统故障诊断步骤	3			
娱乐系统故障诊断与排除	操作步骤	设置车轮挡块，连接尾气排放管	3			
		开启车门，做好车内防护，降下主驾驶玻璃	3			
		开启引擎盖，做好车外防护和发动机舱常规检查	3			
		确认娱乐系统工作异常故障现象	4			
		能正确使用诊断仪读取故障码	4			
		能正确使用诊断仪读取数据流	4			
		根据故障码和数据流判读故障范围	4			
		通过基本检查排除简单故障	4			
		能正确测试电路	5			
		能正确测试部件	5			
		能确定故障点，提出维修建议，并修复故障	3			
		再次读取故障码，确认故障已排除	3			
		再次读取数据流，确认故障已排除	3			
		通过操作，确认娱乐系统工作正常	3			

续附表 87

考核内容		考核点及评分要求	分值	扣分	得分	备注
作业后整理	清洁工具、工作台、场地等	清洁车辆	3			
		用过的清洁布、车内三件套等放入垃圾桶	2			
作业规范	按规定流程和方法进行作业	流程清楚，方法正确	5			
安全与 6S	整个工作过程中的安全与 6S	场地整洁，物品摆放有序	5			
		无安全问题	5			
维修工单		按要求填写，记录值准确	15			
合计			100			

(10)HX3-6-10：雨刮系统不工作故障诊断与排除(附表 88)。

附表 88　雨刮系统不工作故障诊断与排除作业评分标准

HX3-6-10：雨刮系统不工作故障诊断与排除		
考核时长：60 min	考核地点：机电维修工位	考核方式：实操

任务描述：(1)完成雨刮系统不工作故障诊断与排除；(2)填写维修工单

操作设备：(1)客户车辆；(2)故障诊断仪；(3)数字万用表；(4)T208 接线盒；(5)试灯；(6)150 件套装工具；(7)预置式扭力扳手；(8)LED 头灯；(9)内饰拆装工具

操作材料：抹布、手套、车内三件套、车外三件套等

评分标准

考核内容		考核点及评分要求	分值	扣分	得分	备注
作业准备		工作服与安全鞋，女性要求戴帽	3			
		车辆信息填写	5			
维修手册使用	关键数据使用维修手册确认	查询雨刮系统电路图	3			
		查询雨刮系统工作异常诊断步骤	3			

续附表 88

考核内容		考核点及评分要求	分值	扣分	得分	备注
雨刮系统不工作故障诊断与排除	操作步骤	设置车轮挡块，连接尾气排放管	3			
		开启车门，做好车内防护，降下主驾驶玻璃	3			
		开启引擎盖，做好车外防护和发动机舱常规检查	3			
		确认雨刮系统工作异常故障现象	4			
		能正确使用诊断仪读取故障码	4			
		能正确使用诊断仪读取数据流	4			
		根据故障码和数据流判读故障范围	4			
		通过基本检查排除简单故障	4			
		能正确测试电路	5			
		能正确测试部件	5			
		能确定故障点，提出维修建议，并修复故障	3			
		再次读取故障码，确认故障已排除	3			
		再次读取数据流，确认故障已排除	3			
		通过操作，确认雨刮系统工作正常	3			
作业后整理	清洁工具、工作台、场地等	清洁车辆	3			
		用过的清洁布、车内三件套等放入垃圾桶	2			
作业规范	按规定流程和方法进行作业	流程清楚，方法正确	5			
安全与 6S	整个工作过程中的安全与 6S	场地整洁，物品摆放有序	5			
		无安全问题	5			
维修工单		按要求填写，记录值准确	15			
合计			100			

7. HX3-7：车身修复作业

(1)HX3-7-1：车身凹陷外形修复(钣金)(附表89)。

附表89 车身凹陷外形修复(钣金)作业评分标准

HX3-7-1：车身凹陷外形修复(钣金)		
考核时长：90 min	考核地点：门板修复工位	考核方式：实操

任务描述：(1)完成门板凹陷修复；(2)填写维修工单

操作设备：(1)车身门板；(2)整形修复机；(3)整形手工具；(4)单动打磨机；(5)吹尘枪

操作材料：砂纸

评分标准

考核内容		考核点及评分要求	分值	扣分	得分	备注
作业准备		作业时穿戴工作服、手套、护目镜、防尘口罩、耳塞、工作鞋	5			
车身凹陷外形修复(钣金)	操作步骤	设备检查(检查修复过程所需的工具设备)	5			
		损伤评估(看、摸、按以及量具配合使用)	5			
		卸力整框(使用手工具卸除较大应力，修复框架)	10			
		打磨涂层见裸铁	5			
		标准划线	10			
		使用整形修复机拉伸棱线	10			
		使用样规测量修复效果	5			
		使用钣金锉修整平面	5			
		通过操作，确认修复效果	5			
作业后整理	清洁工具、工作台、场地等	清洁门板	3			
		用过的清洁布、砂纸等放入垃圾桶	2			
作业规范	按规定流程和方法进行作业	流程清楚，方法正确	5			

续附表 89

考核内容		考核点及评分要求	分值	扣分	得分	备注
安全 与6S	整个工作过程 中的安全与6S	场地整洁，物品摆放有序	5			
		无安全问题	5			
	维修工单	按要求填写，记录值准确	15			
		合计	100			

(2)HX3-7-2：车身凹陷外观修复(喷涂)(附表90)。

附表 90　车身凹陷外形修复(喷涂)作业评分标准

HX3-7-2：车身凹陷外形修复(喷涂)		
考核时长：90 min	考核地点：喷涂修复工位	考核方式：实操

任务描述：(1)完成车身凹陷外形喷涂修复；(2)填写调色色母增减配方

操作设备：(1)车辆前翼子板；(2)无尘干磨设备；(3)喷枪；(4)文丘里吹风枪；(5)调色台；(6)对色灯箱；(7)色板烘烤机；(8)色板试喷柜；(9)洗枪机

操作材料：干磨砂纸、原子灰、除油剂、碳粉指示剂、环氧底漆、中涂底漆、色漆、清漆、稀释剂

评分标准					
考核内容	考核点及评分要求	分值	扣分	得分	备注
作业准备	(1)全程穿戴防护眼镜、工作帽、安全鞋、工作服、耳塞(简单除尘可以带活性炭防护面具)； (2)除油、刮涂原子灰时戴防毒面具、防溶剂手套；清洗原子灰刮刀使用耐溶剂手套； (3)打磨时佩戴防尘口罩、棉纱手套； (4)调漆、喷漆时佩戴防毒面具、橡胶手套、喷漆服	3			

续附表 90

考核内容		考核点及评分要求	分值	扣分	得分	备注
车身凹陷外形修复（喷涂）	操作步骤	前处理(清洁、除油)	1			
		羽状边打磨	5			
		涂施环氧底漆	2			
		原子灰刮涂	5			
		原子灰打磨	10			
		中涂底漆前处理(清洁、除油)	1			
		选择中涂底漆灰度	1			
		按配方添加色母	1			
		差异板和标准板辨色	2			
		调配色板并喷试	5			
		调配自流平中涂底漆	2			
调配		调配色漆	2			
		调配清漆	2			
		喷涂自流平中涂底漆	10			
		喷涂色漆	10			
		喷涂清漆	10			
作业后整理	清洁工具、工作台、场地等	清洁场地	2			
		用过的清洁布、砂纸等放入垃圾桶	1			
作业规范	按规定流程和方法进行作业	流程清楚，方法正确	5			
安全与6S	整个工作过程中的安全与6S	场地整洁，物品摆放有序	5			
		无安全问题	5			
调色色母增减配方		按要求填写，记录值准确	10			
合计			100			

（3）HX3-7-3：车身覆盖件的拆装与合位（附表 91）。

附表 91　车身覆盖件拆装与调整作业评分标准

HX3-7-3：车身覆盖件的拆装与调整

考核时长：90 min	考核地点：整车拆调工位	考核方式：实操

任务描述：(1)完成指定部件拆调；(2)填写维修工单

操作设备：(1)实训整车；(2)常用拆装工具；(3)内饰拆装工具；(4)间隙规

操作材料：内饰卡扣

评分标准

考核内容		考核点及评分要求	分值	扣分	得分	备注
作业准备		作业时穿戴工作服、手套、工作鞋	5			
车身覆盖件拆调	操作步骤	设备检查(检查拆调过程所需的工具设备)	5			
		维修手册查询	5			
		是否严格按照手册顺序进行拆卸	10			
		拆卸过程操作是否规范	5			
		拆卸后部件检查	5			
		是否按照手册规范进行装配	10			
		装配后检查是否规范	5			
		装配后效果检查(评委检查)	15			
作业后整理	清洁工具、工作台、场地等	清洁车辆	3			
		场地清洁	2			
作业规范	按规定流程和方法进行作业	流程清楚，方法正确	5			
安全与6S	整个工作过程中的安全与6S	场地整洁，物品摆放有序	5			
		无安全问题	5			
维修工单		按要求填写，记录值准确	15			
合计			100			

8. HX3-8：新能源汽车保养作业

(1)HX3-8-1：电动汽车维护与保养准备(附表 92)。

附表92 电动汽车维护与保养准备作业评分标准

HX3-8-1：电动汽车维护与保养准备		
考核时长：60 min	考核地点：机电维修工位	考核方式：实操

任务描述：(1)完成电动汽车维护与保养准备；(2)填写维修工单

操作设备：(1)客户车辆；(2)故障诊断仪；(3)150件套装工具；(4)预置式扭力扳手；(5)LED头灯；(6)警示标牌；(7)绝缘垫；(8)动力蓄电池举升机；(9)高性能数字万用表；(10)灭火器；(11)高性能绝缘表；(12)警示带

操作材料：抹布、绝缘手套、车内三件套、车外三件套等

评分标准

考核内容	考核点及评分要求	分值	扣分	得分	备注
接收工作任务	明确工作任务，理解任务在企业工作中的重要程度	5			
信息收集	了解纯电动汽车维修工位地面、设备等要求	10			
	熟悉电动汽车高压作业个人防护用具及维修工具	10			
制订计划	按照场地准备要求制订车辆停放检查与安全防护、工具设备及场地检查作业计划	10			
	能协同小组人员安排任务分工	5			
	能在实施前准备好所需要的工具器材	5			
计划实施	检查车辆停放位置是否合适	2			
	正确安装车内三件套	5			
	检查驻车制动器及挡位位置	2			
	正确安放车轮挡块	3			
	在维修场地周围布置警戒带	1			
	放置危险警示牌	1			
	检查绝缘防护设备完好情况	6			
	检查绝缘维修工具完好情况	6			
	测量绝缘垫的绝缘阻值	10			
	正确铺设翼子板防护垫	5			
质量检查	教师任务完成，操作过程规范	10			
评价反馈	教师能对自身表现情况进行客观评价	2			
	教师在任务实施过程中发现自身问题	2			
合计		100			

（2）HX3-8-2：电动汽车新车交付检查（附表93）。

附表93 电动汽车新车交付检查作业评分标准

HX3-8-2：电动汽车新车交付检查

考核时长：60 min	考核地点：机电维修工位	考核方式：实操

任务描述：（1）完成电动汽车新车检查交付；（2）填写维修工单

操作设备：（1）客户车辆；（2）故障诊断仪；（3）150件套装工具；（4）预置式扭力扳手；（5）LED头灯；（6）警示标牌；（7）绝缘垫；（8）动力蓄电池举升机；（9）高性能数字万用表；（10）灭火器；（11）高性能绝缘表；（12）警示带

操作材料：抹布、绝缘手套、车内三件套、车外三件套等

评分标准

考核内容	考核点及评分要求	分值	扣分	得分	备注
接收工作任务	明通工作任务，准确记录客户及车辆信息	5			
信息收集	掌握工作相关知识及操作要点	5			
制订计划	计划合理可行	10			
计划实施	操作前做好场地设备及材料工具的准备工作	5			
	能规范、准确完成车辆整体检查	8			
	能规范、准确完成车辆前部检查	8			
	能规范、准确完成车辆左侧检查	8			
	能规范、准确完成车辆后部检查	8			
	能规范、准确完成车辆右侧检查	8			
	能规范、准确完成车辆内饰及操作件功能检查	8			
	能规范、准确完成车辆前机舱检查	8			
	能在整个操作过程中规范操作，避免意外事故发生	5			
	能在操作结束后整理清洁场地	4			
质量检查	按照要求完成相应任务	5			
评价反馈	经验总结到位，合理评价	5			
合计		100			

（3）HX3-8-3：电动汽车充电系统维护与保养（附表94）。

附表94　电动汽车充电系统维护与保养作业评分标准

HX3-8-3：电动汽车充电系统维护与保养		
考核时长：60 min	考核地点：机电维修工位	考核方式：实操

任务描述：（1）完成电动汽车充电系统维护与保养；（2）填写维修工单

操作设备：（1）客户车辆；（2）故障诊断仪；（3）150件套装工具；（4）预置式扭力扳手；（5）LED头灯；（6）警示标牌；（7）绝缘垫；（8）动力蓄电池举升机；（9）高性能数字万用表；（10）灭火器；（11）高性能绝缘表；（12）警示带

操作材料：抹布、绝缘手套、车内三件套、车外三件套等

评分标准

考核内容	考核点及评分要求	分值	扣分	得分	备注
接收工作任务	明通工作任务，准确记录客户及车辆信息	5			
信息收集	掌握工作相关知识及操作要点	15			
制订计划	计划合理可行	10			
计划实施	操作前做好场地设备及材料工具的准备工作	5			
	能说出车载充电机上指示灯的含义	5			
	能根据指示灯判断车载充电机的工作状态	10			
	能准确目测检查慢充充电线的外观及插头状态	5			
	能熟练运用万用表检测充电线的导通状态并做好记录	10			
	能识别仪表充电指示灯并判断充电口盖开关状态	8			
	能运用万用表检查DC/DC变换器功能并做好记录	14			
	能在操作结束后整理清洁场地	3			
质量检查	按照要求完成相应任务	5			
评价反馈	经验总结到位，合理评价	5			
合计		100			

(4)HX3-8-4：电动汽车动力蓄电池系统维护(附表95)。

附表95 电动汽车动力蓄电池系统维护作业评分标准

HX3-8-4：电动汽车动力蓄电池系统维护

考核时长：60 min	考核地点：机电维修工位	考核方式：实操

任务描述：(1)完成电动汽车动力蓄电池系统维护；(2)填写维修工单

操作设备：(1)客户车辆；(2)故障诊断仪；(3)150件套装工具；(4)预置式扭力扳手；(5)LED头灯；(6)警示标牌；(7)绝缘垫；(8)动力蓄电池举升机；(9)高性能数字万用表；(10)灭火器；(11)高性能绝缘表；(12)警示带

操作材料：抹布、绝缘手套、车内三件套、车外三件套等

评分标准

考核内容	考核点及评分要求	分值	扣分	得分	备注
接收工作任务	明确工作任务，理解任务在车辆维护保养中的重要程度	5			
信息收集	清楚动力蓄电池系统的结构组成	3			
	了解动力蓄电池预充电阻的作用	4			
	知道动力蓄电池正负继电器的控制方式	4			
制订计划	制订动力蓄电池拆卸及内部基本检查的作业计划	10			
	能协同小组人员安排任务分工	5			
	能在实施前准备好所需要的工具器材	5			
计划实施	当拆卸动力蓄电池、推移动力举升车时，配合默契，安全操作	4			
	使用抹布擦拭动力蓄电池外壳表面，进行清洁	5			
	分工配合，拆除动力蓄电池外壳固定螺栓	5			
	将拆除动力蓄电池外壳的螺栓分类存放到规定地方	8			
	检查动力蓄电池外壳边缘下方的密封胶条情况	8			
	检查BMS、电池控制盒、模组间连接线束	5			
	清楚动力蓄电池的结构组成，检查其外观情况	8			
	测量单体蓄电池、模组的电压，判断其是否正常	5			
	测量电池控制盒内预充电阻阻值，判断其是否正常	2			

续附表 95

考核内容	考核点及评分要求	分值	扣分	得分	备注
质量检查	教师任务完成，操作过程规范标准	10			
评价反馈	教师能对自身表现情况进行客观评价	2			
	教师在任务实施过程中发现自身问题	2			
	合计	100			

(5)HX3-8-5：电动汽车冷却系统维护与保养(附表96)。

附表 96　电动汽车冷却系统维护与保养作业评分标准

HX3-8-5：电动汽车冷却系统维护与保养		
考核时长：60 min	考核地点：机电维修工位	考核方式：实操

任务描述：(1)完成电动汽车冷却系统维护与保养；(2)填写维修工单

操作设备：(1)客户车辆；(2)故障诊断仪；(3)150件套装工具；(4)预置式扭力扳手；(5)LED头灯；(6)警示标牌；(7)绝缘垫；(8)动力蓄电池举升机；(9)高性能数字万用表；(10)灭火器；(11)高性能绝缘表；(12)冰点检测仪；(13)警示带

操作材料：冷却液、抹布、绝缘手套、车内三件套、车外三件套等

评分标准					
考核内容	考核点及评分要求	分值	扣分	得分	备注
接收工作任务	明通工作任务，准确记录客户及车辆信息	5			
信息收集	掌握工作相关知识及操作要点	15			
制订计划	计划合理可行	10			
计划实施	操作前做好场地设备及材料工具的准备工作	5			
	能说出冷却液定期更换的原因	5			
	能选择合适的冷却液	5			
	能按规定完成排放冷却液的操作	10			
	能熟练清洁冷却系统的内部和外部	10			
	能按照规定完成加注冷却液的操作	10			
	能在整个操作过程中规范操作，避免意外事故发生	10			
	能在操作结束后整理清洁场地	5			

续附表 96

考核内容	考核点及评分要求	分值	扣分	得分	备注
质量检查	按照要求完成相应任务	5			
评价反馈	经验总结到位，合理评价	5			
合计		100			

(6)HX3-8-6：电动汽车底盘维护与保养(附表 97)。

附表 97　电动汽车底盘维护与保养作业评分标准

HX3-8-6：电动汽车底盘维护与保养

考核时长：60 min	考核地点：机电维修工位	考核方式：实操

任务描述：(1)完成电动汽车底盘维护与保养；(2)填写维修工单

操作设备：(1)客户车辆；(2)故障诊断仪；(3)150 件套装工具；(4)预置式扭力扳手；(5)LED 头灯；(6)警示标牌；(7)绝缘垫；(8)动力蓄电池举升机；(9)高性能数字万用表；(10)灭火器；(11)高性能绝缘表；(12)油液收集装置；(13)警示带

操作材料：减速器油、密封胶、抹布、绝缘手套、车内三件套、车外三件套等

评分标准

考核内容	考核点及评分要求	分值	扣分	得分	备注
接收工作任务	明确工作任务，理解任务在车辆维护保养中的重要程度	5			
信息收集	清楚减速器油的作用及使用要求	3			
	知道润滑油型号数字和字母的含义	4			
	能描述出减速器油变质的原因	4			
制订计划	制订减速器油更换的作业计划	10			
	能协同小组人员安排任务分工	5			
	能在实施前准备好所需要的工具器材	5			

续附表 97

考核内容	考核点及评分要求	分值	扣分	得分	备注
计划实施	进行操作前准备好需要使用的工具设备	4			
	举升车辆前务必关闭点火开关,举升机支点调整到位	5			
	正确检查减速器是否有漏油,使用工具拆卸油位螺塞	5			
	正确拆除减速器放油螺塞,使用专用设备收集废液	8			
	涂抹适量密封胶在放油螺塞的合适位置	8			
	使用规定力矩将放油螺塞拧入	5			
	操作齿轮油加注器缓慢加注规定型号的齿轮油	8			
	规范涂抹密封胶,按照规定力矩拧入加油、油位螺塞	5			
	操作完成后,按照 7S 管理制度清理现场	2			
质量检查	教师任务完成,操作过程规范标准	10			
评价反馈	教师能对自身表现情况进行客观评价	2			
	教师在任务实施过程中发现自身问题	2			
合计		100			

(7)HX3-8-7:电动汽车制动系统维护与保养(附表98)。

附表 98 电动汽车制动系统维护与保养作业评分标准

HX3-8-7:电动汽车制动系统维护与保养		
考核时长:60 min	考核地点:机电维修工位	考核方式:实操

任务描述:(1)完成电动汽车制动系统维护与保养;(2)填写维修工单

操作设备:(1)客户车辆;(2)故障诊断仪;(3)150件套装工具;(4)预置式扭力扳手;(5)LED 头灯;(6)警示标牌;(7)绝缘垫;(8)动力蓄电池举升机;(9)高性能数字万用表;(10)灭火器;(11)高性能绝缘表;(12)轮胎花纹深度尺;(13)胎压表;(14)游标卡尺;(15)警示带

操作材料:制动液、抹布、绝缘手套、车内三件套、车外三件套等

续附表 98

评分标准					
考核内容	考核点及评分要求	分值	扣分	得分	备注
接收工作任务	明通工作任务，准确记录客户及车辆信息	5			
信息收集	掌握工作相关知识及操作要点	15			
制订计划	计划合理可行	10			
计划实施	检查操作前的场地、工具等准备工作	5			
	正确使用举升机安全规范举升车辆	5			
	检查制动液位是否符合要求	5			
	检查制动系统管路及装置是否有泄湿和损坏	5			
	检查轮胎外观、胎压和胎纹是否正常	5			
	检查前后制动摩擦片的厚度及制动盘	5			
	检查并调整驻车制动器	5			
	检查并调整制动踏板自由行程	5			
	检查制动真空泵、控制器的功能	5			
	能在整个操作过程中规范操作，避免意外事故发生	10			
	能在操作结束后整理清洁场地	5			
质量检查	按照要求完成相应任务	5			
评价反馈	经验总结到位，合理评价	5			
合计		100			

（8）HX3-8-8：电动汽车电动助力转向系统维护与保养（附表99）。

附表99　电动汽车电动助力转向系统维护与保养作业评分标准

HX3-8-8：电动汽车电动助力转向系统维护与保养

考核时长：60 min	考核地点：机电维修工位	考核方式：实操

任务描述：（1）完成电动助力转向系统维护与保养；（2）填写维修工单

操作设备：（1）客户车辆；（2）故障诊断仪；（3）150件套装工具；（4）预置式扭力扳手；（5）LED头灯；（6）警示标牌；（7）绝缘垫；（8）动力蓄电池举升机；（9）高性能数字万用表；（10）灭火器；（11）高性能绝缘表；（12）警示带

操作材料：抹布、绝缘手套、车内三件套、车外三件套等

评分标准

考核内容	考核点及评分要求	分值	扣分	得分	备注
接收工作任务	明通工作任务，准确记录客户及车辆信息	5			
信息收集	掌握工作相关知识及操作要点	15			
制订计划	计划合理可行	10			
计划实施	检查操作前的场地、工具等准备工作	3			
	能够检查并正确判断转向盘的自由行程是否标准	10			
	能够检查转向盘是否有松旷现象	5			
	能够检查转向盘的锁止装置是否正常	8			
	能够检查转向盘自动回位情况	8			
	根据举升机操作规范举升车辆	3			
	能够检查转向横拉杆球头的间隙、紧固程度及防尘套状态	10			
	能够检查转向助力功能	10			
	能在操作结束后整理清洁场地	3			
质量检查	按照要求完成相应任务	5			
评价反馈	经验总结到位，合理评价	5			
合计		100			

（9）HX3-8-9：电动汽车车身电器设备维护（附表100）。

附表100　电动汽车车身电器设备维护作业评分标准

HX3-8-9：电动汽车车身电器设备维护

考核时长：60 min	考核地点：机电维修工位	考核方式：实操

任务描述：（1）完成电动汽车车身电器设备维护；（2）填写维修工单

操作设备：（1）客户车辆；（2）故障诊断仪；（3）150件套装工具；（4）预置式扭力扳手；（5）LED头灯；（6）警示标牌；（7）绝缘垫；（8）动力蓄电池举升机；（9）高性能数字万用表；（10）灭火器；（11）高性能绝缘表（12）警示带

操作材料：抹布、绝缘手套、车内三件套、车外三件套等

评分标准

考核内容	考核点及评分要求	分值	扣分	得分	备注
接收工作任务	明通工作任务，准确记录客户及车辆信息	5			
信息收集	掌握工作相关知识及操作要点	15			
制订计划	计划合理可行	10			
计划实施	检查操作前的场地、工具等准备工作	5			
	能熟练使用灯光检查手势，配合搭挡检查车外各灯光状态	10			
	能根据检查结果在合理条件下，调节前照灯光束	10			
	能检查电动天窗并润滑滑动导轨	10			
	能检查机舱线束及插接件状态	5			
	能检查辅助蓄电池的固定情况和工作状态	5			
	能正确使用万用表测量辅助蓄电池放电电流	10			
	能在操作结束后整理清洁场地	5			
质量检查	按照要求完成相应任务	5			
评价反馈	经验总结到位，合理评价	5			
合计		100			

（10）HX3-8-10：电动汽车空调系统维护与保养（附表101）。

附表101　电动汽车空调系统维护与保养作业评分标准

HX3-8-10：电动汽车空调系统维护与保养		
考核时长：60 min	考核地点：机电维修工位	考核方式：实操

任务描述：（1）完成电动汽车空调系统维护与保养；（2）填写维修工单

操作设备：（1）客户车辆；（2）故障诊断仪；（3）150件套装工具；（4）预置式扭力扳手；（5）LED头灯；（6）警示标牌；（7）绝缘垫；（8）动力蓄电池举升机；（9）高性能数字万用表；（10）灭火器；（11）高性能绝缘表（12）警示带

操作材料：空调滤芯、抹布、绝缘手套、车内三件套、车外三件套等

评分标准

考核内容	考核点及评分要求	分值	扣分	得分	备注
接收工作任务	明确工作任务，理解任务在车辆维护保养中的重要程度	5			
信息收集	知道汽车空调系统的作用和组成部分	3			
	能画出汽车空调系统的组成结构图	8			
	知道电动压缩机的工作条件和插件的针脚定义	6			
	知道空调PTC加热板的结构	2			
制订计划	制订空调系统工作、管路泄漏检测以及检查空调滤芯的作业计划	10			
	能协同小组人员安排任务分工	5			
	能在实施前准备好所需要的工具器材	5			
计划实施	识别出空调控制面板各按钮的名称，清楚其功能	4			
	清楚空调的几种出风模式，能按要求正确操作按钮	5			
	能根据出风口温度及出风量判断各模式下空调工作情况	5			
	使用正确的方法检查空调PTC工作情况	5			
	正确检查空调管路、线束及压缩机工作情况	3			
	使用正确的工具拆出空调滤芯	8			
	知道如何清理空调滤芯	5			
	正确安装空调滤芯	2			
	能在操作结束后整理清洁场地	5			

续附表 101

考核内容	考核点及评分要求	分值	扣分	得分	备注
质量检查	教师任务完成，操作过程规范标准	10			
评价反馈	教师能对自身表现情况进行客观评价	2			
	教师在任务实施过程中发现自身问题	2			
合计		100			

9. HX3-9：新能源汽车检修作业

（1）HX3-9-1：电动汽车基本结构识别（附表 102）。

附表 102　电动汽车基本结构识别作业评分标准

HX3-9-1：电动汽车基本结构识别		
考核时长：60 min	考核地点：机电维修工位	考核方式：实操

任务描述：（1）完成电动汽车基本结构识别；（2）填写维修工单

操作设备：（1）客户车辆；（2）故障诊断仪；（3）150 件套装工具；（4）预置式扭力扳手；（5）LED 头灯；（6）警示标牌与警示带；（7）绝缘垫；（8）动力蓄电池举升机；（9）高性能数字万用表；（10）灭火器；（11）高性能绝缘表

操作材料：抹布、绝缘手套、车内三件套、车外三件套等

评分标准						
考核内容		考核点及评分要求	分值	扣分	得分	备注
作业准备		着放电工装，绝缘安全帽	4			
		车辆信息填写	5			
电动汽车基本结构识别	操作步骤	指出车载充电机总成 OBC 的位置，并简述其功用的位置，并简述其功用	5			
		指出整车控制器 VCU 的位置，并简述其功用	6			
		指出电机控制器总成 PEU 的位置，并简述其功用	5			
		指出高压分线盒的位置，并简述其功用	6			

续附表102

考核内容		考核点及评分要求	分值	扣分	得分	备注
电动汽车基本结构识别	操作步骤	指出电池管理系统BMS的位置，并简述其功用	5			
		指出驱动电机的位置，并简述其功用	6			
		指出电动空调压缩机的位置，并简述其功用	5			
		指出PTC直流加热器的位置，并简述其功用	6			
		指出DC/DC变换器的位置，并简述其功用	6			
		指出动力蓄电池的位置，并简述其功用	6			
作业后整理	清洁工具、工作台、场地等	清洁车辆	3			
		用过的清洁布、车内三件套等放入垃圾桶	2			
作业规范	按规定流程和方法进行作业	流程清楚，方法正确	5			
安全与6S	整个工作过程中的安全与6S	场地整洁，物品摆放有序	5			
		无安全问题	5			
维修工单		按要求填写，记录值准确	15			
合计			100			

(2)HX3-9-2：电机的结构及拆装(附表103)。

附表103　电机的结构及拆装作业评分标准

HX3-9-2：电机的结构及拆装

考核时长：60 min	考核地点：机电维修工位	考核方式：实操

任务描述：(1)完成电机的结构及拆装；(2)填写维修工单

操作设备：(1)客户车辆；(2)故障诊断仪；(3)150件套装工具；(4)预置式扭力扳手；(5)LED头灯；(6)警示标牌与警示带；(7)绝缘垫；(8)动力蓄电池举升机；(9)高性能数字万用表；(10)灭火器；(11)高性能绝缘表

操作材料：抹布、绝缘手套、车内三件套、车外三件套等

续附表 103

评分标准						
考核内容		考核点及评分要求	分值	扣分	得分	备注
作业准备		着放电工装,绝缘安全帽,高压绝缘鞋	4			
		检查安全防护手套、安全鞋、眼镜设备仪器等符合安全等级要求	6			
		车辆信息填写	5			
电机的结构及拆装	操作步骤	安全操作区域设置隔离装置、警示标志	6			
		车辆保护安装前机舱三件套	6			
		断开维修开关,整车断高低压	6			
		使用万用表测量电机高压线束是否还有余电	6			
		拆卸电机前端后端盖并对电机外壳检测绝缘	6			
		拆卸转子和轴承	6			
		拆卸定子	6			
		相关零部件的测量清理并涂润滑油	6			
作业后整理	清洁工具、工作台、场地等	清洁车辆	4			
		用过的清洁布、车内三件套等放入垃圾桶	3			
作业规范	按规定流程和方法进行作业	流程清楚,方法正确	5			
安全与6S	整个工作过程中的安全与6S	场地整洁,物品摆放有序	5			
		无安全问题	5			
维修工单		按要求填写,记录值准确	15			
合计			100			

(3)HX3-9-3:电动汽车高压断电操作流程(附表104)。

附表104 电动汽车高压断电操作流程作业评分标准

HX3-9-3：电动汽车高压断电操作流程			
考核时长：60 min	考核地点：机电维修工位		考核方式：实操
任务描述：(1)完成电动汽车高压断电操作；(2)填写维修工单			
操作设备：(1)客户车辆；(2)故障诊断仪；(3)150件套装工具；(4)预置式扭力扳手；(5)LED头灯；(6)警示标牌与警示带；(7)绝缘垫；(8)动力蓄电池举升机；(9)高性能数字万用表；(10)灭火器；(11)高性能绝缘表			
操作材料：抹布、绝缘手套、车内三件套、车外三件套等			

评分标准

考核内容		考核点及评分要求	分值	扣分	得分	备注
作业准备		着放电工装，绝缘安全帽，高压绝缘鞋	4			
		检查安全防护手套、安全鞋、眼镜设备仪器等符合安全等级要求	6			
		车辆信息填写	5			
电动汽车高压断电操作流程	操作步骤	安全操作区域设置隔离装置、警示标志	6			
		车辆保护安装前机舱三件套	6			
		按启动按钮关闭电源	9			
		断开蓄电池负极	9			
		断开维修开关	9			
		等待10 min左右	9			
作业后整理	清洁工具、工作台、场地等	清洁车辆	4			
		用过的清洁布、车内三件套等放入垃圾桶	3			
作业规范	按规定流程和方法进行作业	流程清楚，方法正确	5			
安全与6S	整个工作过程中的安全与6S	场地整洁，物品摆放有序	5			
		无安全问题	5			
维修工单		按要求填写，记录值准确	15			
合计			100			

（4）HX3-9-4：高压控制盒的更换流程（附表105）。

附表105　高压控制盒的更换流程作业评分标准

HX3-9-4：高压控制盒的更换流程		
考核时长：60 min	考核地点：机电维修工位	考核方式：实操

任务描述：（1）完成高压控制盒的更换；（2）填写维修工单

操作设备：（1）客户车辆；（2）故障诊断仪；（3）150件套装工具；（4）预置式扭力扳手；（5）LED头灯；（6）警示标牌与警示带；（7）绝缘垫；（8）动力蓄电池举升机；（9）高性能数字万用表；（10）灭火器；（11）高性能绝缘表

操作材料：抹布、绝缘手套、车内三件套、车外三件套等

评分标准					
考核内容	考核点及评分要求	分值	扣分	得分	备注
作业准备	着放电工装，绝缘安全帽，高压绝缘鞋	4			
	检查安全防护手套、安全鞋、眼镜设备仪器等符合安全等级要求	6			
	车辆信息填写	5			
高压控制盒的更换流程	安全操作区域设置隔离装置、警示标志	6			
	车辆保护安装前机舱三件套	5			
	关闭车辆启动按钮，断开蓄电池负极，拔下高压维修开关	6			
	佩戴绝缘手套，拔出高压配电盒相关高低压线束插头	5			
	拆卸高压配电盒固定螺丝，取下高压配电盒	5			
	取出新的高压配电盒，观察其外观是否完好，确认完好后安装高压配电盒	5			
	安装固定螺丝	5			
	安装高低压线束插头	5			
	确认安装无误后进行车辆上电操作，确认车辆上电成功	6			

（注：表中"高压控制盒的更换流程"下含"操作步骤"分列）

续附表 105

考核内容		考核点及评分要求	分值	扣分	得分	备注
作业后整理	清洁工具、工作台、场地等	清洁车辆	4			
		用过的清洁布、车内三件套等放入垃圾桶	3			
作业规范	按规定流程和方法进行作业	流程清楚，方法正确	5			
安全与 6S	整个工作过程中的安全与 6S	场地整洁，物品摆放有序	5			
		无安全问题	5			
维修工单		按要求填写，记录值准确	15			
合计			100			

(5) HX3-9-5：车载充电系统部件的更换流程(附表 106)。

附表 106　车载充电系统部件的更换流程作业评分标准

HX3-9-5：车载充电系统部件的更换流程

考核时长：60 min	考核地点：机电维修工位	考核方式：实操

任务描述：(1)完成车载充电系统部件的更换流程；(2)填写维修工单

操作设备：(1)客户车辆；(2)故障诊断仪；(3)150 件套装工具；(4)预置式扭力扳手；(5)LED 头灯；(6)警示标牌与警示带；(7)绝缘垫；(8)动力蓄电池举升机；(9)高性能数字万用表；(10)灭火器；(11)高性能绝缘表

操作材料：抹布、绝缘手套、车内三件套、车外三件套等

评分标准

考核内容	考核点及评分要求	分值	扣分	得分	备注
作业准备	着放电工装，绝缘安全帽，高压绝缘鞋	4			
	检查安全防护手套、安全鞋、眼镜设备仪器等符合安全等级要求	6			
	车辆信息填写	5			

续附表 106

考核内容		考核点及评分要求	分值	扣分	得分	备注
车载充电系统部件的更换流程	操作步骤	安全操作区域设置隔离装置、警示标志	6			
		车辆保护安装前机舱三件套	6			
		断开维修开关，整车断高低压	6			
		拔下车载充电机相关插头及连接线束，扭下相关螺母，拆下车载充电机放置指定位置	6			
		检查需更换的车载充电机外观是否完好，是否具有厂家检验合格证、厂商、生产日期	6			
		装上新的车载充电机，扭上车载充电机相关螺母、连接相关插头及线束	6			
		测量车载充电机正、负极与车身绝缘。标准值：绝缘电阻≥20 MΩ	6			
		连接维修开关与蓄电池负极。连接充电枪车辆是否正常充电	6			
作业后整理	清洁工具、工作台、场地等	清洁车辆	4			
		用过的清洁布、车内三件套等放入垃圾桶	3			
作业规范	按规定流程和方法进行作业	流程清楚，方法正确	5			
安全与6S	整个工作过程中的安全与6S	场地整洁，物品摆放有序	5			
		无安全问题	5			
维修工单		按要求填写，记录值准确	15			
合计			100			

（6）HX3-9-6：DC/DC 变换器的更换流程（附表 107）。

附表 107　DC/DC 变换器的更换流程作业评分标准

HX3-9-6：DC/DC 变换器的更换流程

考核时长：60 min	考核地点：机电维修工位	考核方式：实操

任务描述：(1)完成 DC/DC 变换器的更换流程；(2)填写维修工单

操作设备：(1)客户车辆；(2)故障诊断仪；(3)150 件套装工具；(4)预置式扭力扳手；(5)LED 头灯；(6)警示标牌与警示带；(7)绝缘垫；(8)动力蓄电池举升机；(9)高性能数字万用表；(10)灭火器；(11)高性能绝缘表

操作材料：抹布、绝缘手套、车内三件套、车外三件套等

评分标准

考核内容		考核点及评分要求	分值	扣分	得分	备注
作业准备		着放电工装，绝缘安全帽，高压绝缘鞋	4			
		检查安全防护手套、安全鞋、眼镜设备仪器等符合安全等级要求	6			
		车辆信息填写	5			
DC/DC 变换器的更换流程	操作步骤	安全操作区域设置隔离装置、警示标志	6			
		车辆保护安装前机舱三件套	6			
		断开维修开关，整车断高低压	6			
		拔下 DC/DC 转换器相关插头及连接线束，扭下相关螺母，拆下 DC/DC 转换器置放指定位置	6			
		检查需更换的 DC/DC 转换器外观是否完好，是否具有厂家检验合格证、厂商、生产日期	6			
		装上新的 DC/DC 转换器，扭上 DC/DC 转换器相关螺母、连接相关插头及线束	6			
		测量 DC/DC 转换器正、负极与车身绝缘。标准值：绝缘电阻 ≥ 20 MΩ	6			
		连接维修开关与蓄电池负极，车辆上电，检查 DC/DC 转换器是否正常工作	6			

续附表 107

考核内容		考核点及评分要求	分值	扣分	得分	备注
作业后整理	清洁工具、工作台、场地等	清洁车辆	4			
		用过的清洁布、车内三件套等放入垃圾桶	3			
作业规范	按规定流程和方法进行作业	流程清楚，方法正确	5			
安全与6S	整个工作过程中的安全与6S	场地整洁，物品摆放有序	5			
		无安全问题	5			
维修工单		按要求填写，记录值准确	15			
合计			100			

(7)HX3-9-7：电动汽车高压部件绝缘检测(附表108)。

附表 108　电动汽车高压部件绝缘检测作业评分标准

HX3-9-7：电动汽车高压部件绝缘检测		
考核时长：60 min	考核地点：机电维修工位	考核方式：实操

任务描述：(1)完成电动汽车高压部件绝缘检测；(2)填写维修工单

操作设备：(1)客户车辆；(2)故障诊断仪；(3)150 件套装工具；(4)预置式扭力扳手；(5)LED 头灯；(6)警示标牌与警示带；(7)绝缘垫；(8)动力蓄电池举升机；(9)高性能数字万用表；(10)灭火器；(11)高性能绝缘表

操作材料：抹布、绝缘手套、车内三件套、车外三件套等

评分标准

考核内容	考核点及评分要求	分值	扣分	得分	备注
作业准备	着放电工装，绝缘安全帽，高压绝缘鞋	4			
	检查安全防护手套、安全鞋、眼镜设备仪器等符合安全等级要求	6			
	车辆信息填写	5			

续附表 108

考核内容		考核点及评分要求	分值	扣分	得分	备注
电动汽车高压部件绝缘检测	操作步骤	安全操作区域设置隔离装置、警示标志	5			
		车辆保护安装前机舱三件套	5			
		断开维修开关，整车断高低压	6			
		测量高压线束线芯与线壳绝缘组织，标准值：无穷大	6			
		测量空调压缩机正、负极与车身绝缘。标准值：绝缘电阻≥5 MΩ	5			
		测量车载充电机正、负极与车身绝缘。标准值：绝缘电阻≥20 MΩ	6			
		测量电机控制器、驱动电机正负极输入绝缘阻值。标准值：绝缘电阻≥100 MΩ	5			
		测量动力电池正、负极与车身绝缘电阻。标准值：总正≥1.4 MΩ，总负：1.0 MΩ	5			
		测量 PTC 正极与车身绝缘。标准值：绝缘电阻≥500 MΩ	5			
作业后整理	清洁工具、工作台、场地等	清洁车辆	4			
		用过的清洁布、车内三件套等放入垃圾桶	3			
作业规范	按规定流程和方法进行作业	流程清楚，方法正确	5			
安全与 6S	整个工作过程中的安全与 6S	场地整洁，物品摆放有序	5			
		无安全问题	5			
维修工单		按要求填写，记录值准确	15			
合计			100			

10.HX3-10：新能源汽车诊断作业

（1）HX3-10-1：慢充充电正常但无充电连接指示灯故障诊断（附表109）。

附表109　慢充充电正常但无充电连接指示灯故障诊断评分标准

项目3-10-1：慢充充电正常但无充电连接指示灯故障诊断

考核时长：60 min	考核地点：机电维修工位	考核方式：实操

任务描述：完成慢充充电正常但无充电连接指示灯故障诊断

操作设备：（1）客户车辆；（2）150件套装工具；（3）诊断仪；（4）万用表

操作材料：（1）抹布、手套、车内三件套、车外三件套等；（2）绝缘手套等安全防护用品

评分标准

考核内容		考核点及评分要求	分值	扣分	得分	备注
作业准备		工作服与安全用品检查	2			
		车辆信息填写	1			
		工具、备件及工作环境检查	2			
维修手册使用	关键数据使用维修手册确认	查询电路图	5			
		查询数据与维修指引	5			
慢充充电正常但无充电连接指示灯故障诊断	操作步骤	安装座椅、地板、方向盘三件套	2			
		降下主驾驶车窗玻璃	2			
		安装车外三件套	2			
		挂P挡，拉紧驻车制动	2			
		放置车轮挡块	2			
		用诊断仪读取故障代码	5			
		用诊断仪读取系统相关数据	5			
		检查车载充电机低压插件及针脚状态	3			
		检查慢充连接确认信号电路导通状态	3			
		检查充电线连接指示灯供电回路状态	4			
		记录整车上电仪表信息数据	5			
		记录慢充充电仪表信息数据	5			
		完成故障验证与维修结论	5			

续附表 109

考核内容		考核点及评分要求	分值	扣分	得分	备注
慢充充电正常但无充电连接指示灯故障诊断	否决项	操作过程中造成人员或者工具设备损伤				本次考核计0分
		不按要求进行危险操作，裁判可终止考核				
作业后整理	清洁工具、工作台、场地等	清洁车辆	2			
		用过的清洁布、车内三件套等放入垃圾桶	3			
作业规范	按规定流程和方法进行作业	流程清楚，方法正确	5			
安全与6S	整个工作过程中的安全与6S	场地整洁，物品摆放有序	5			
		无安全问题	5			
维修工单		按要求填写，记录值准确	20			
合计			100			

（2）HX3-10-2：快充桩与车辆无法通信故障诊断（附表 110）。

附表 110　快充桩与车辆无法通信故障诊断作业评分标准

HX3-10-2：快充桩与车辆无法通信故障诊断

考核时长：60 min	考核地点：机电维修工位	考核方式：实操

任务描述：完成快充桩与车辆无法通信故障诊断

操作设备：（1）客户车辆；（2）150 件套装工具；（3）诊断仪；（4）万用表

操作材料：（1）抹布、手套、车内三件套、车外三件套等；（2）绝缘手套等安全防护用品

评分标准

考核内容		考核点及评分要求	分值	扣分	得分	备注
作业准备		工作服与安全用品检查	2			
		车辆信息填写	1			
		工具、备件及工作环境检查	2			
维修手册使用	关键数据使用维修手册确认	查询电路图	5			
		查询数据与维修指引	5			

续附表 110

考核内容		考核点及评分要求	分值	扣分	得分	备注
快充桩与车辆无法通信故障诊断	操作步骤	安装座椅、地板、方向盘三件套	2			
		降下主驾驶车窗玻璃	2			
		安装车外三件套	2			
		挂 P 挡，拉紧驻车制动	2			
		放置车轮挡块	2			
		用诊断仪读取故障代码	5			
		用诊断仪读取系统相关数据	5			
		记录整车上电仪表信息数据	3			
		记录快充充电仪表信息数据	3			
		快充线束连接情况检查	3			
		快充唤醒信号回路检查	3			
		快充连接确认信号回路检查	3			
		快充低压辅助电源供电回路检查	3			
		快充 CAN 通信检查	3			
		记录整车上电仪表信息数据	2			
		记录快充充电仪表信息数据	2			
	否决项	操作过程中造成人员或者工具设备损伤				本次考核计 0 分
		不按要求进行危险操作，裁判可终止考核				
作业后整理	清洁工具、工作台、场地等	清洁车辆	2			
		用过的清洁布、车内三件套等放入垃圾桶	3			
作业规范	按规定流程和方法进行作业	流程清楚，方法正确	5			
安全与 6S	整个工作过程中的安全与 6S	场地整洁，物品摆放有序	5			
		无安全问题	5			
维修工单		按要求填写，记录值准确	20			
合计			100			

(3) HX3-10-3：车辆 SOC 为零提示尽快充电故障诊断（附 111）。

附表 111　车辆 SOC 为零提示尽快充电故障诊断作业评分标准

HX3-10-3：车辆 SOC 为零提示尽快充电故障诊断

考核时长：60 min	考核地点：机电维修工位	考核方式：实操

任务描述：完成车辆 SOC 为零提示尽快充电故障诊断

操作设备：(1)客户车辆；(2)150 件套装工具；(3)诊断仪；(4)万用表

操作材料：(1)抹布、手套、车内三件套、车外三件套等；(2)绝缘手套等安全防护用品

评分标准

考核内容		考核点及评分要求	分值	扣分	得分	备注
作业准备		工作服与安全用品检查	2			
		车辆信息填写	1			
		工具、备件及工作环境检查	2			
维修手册使用	关键数据使用维修手册确认	查询电路图	5			
		查询数据与维修指引	5			
车辆 SOC 为零提示尽快充电故障诊断	操作步骤	安装座椅、地板、方向盘三件套	2			
		降下主驾驶车窗玻璃	2			
		安装车外三件套	2			
		挂 P 挡，拉紧驻车制动	2			
		放置车轮挡块	2			
		用诊断仪读取故障代码	5			
		用诊断仪读取系统相关数据	5			
		记录整车上电仪表信息数据	3			
		检查动力蓄电池低压供电回路	3			
		检查保险丝	3			
		检查接地线	3			
		检查 BMS 低压供电回路	3			
		检查插接件连接状态	3			
		记录整车上电仪表信息数据	3			
		故障验证及结论描述	4			

续附表 111

考核内容		考核点及评分要求	分值	扣分	得分	备注
车辆SOC为零提示尽快充电故障诊断	否决项	操作过程中造成人员或者工具设备损伤				本次考核计0分
		不按要求进行危险操作，裁判可终止考核				
作业后整理	清洁工具、工作台、场地等	清洁车辆	2			
		用过的清洁布、车内三件套等放入垃圾桶	3			
作业规范	按规定流程和方法进行作业	流程清楚，方法正确	5			
安全与6S	整个工作过程中的安全与6S	场地整洁，物品摆放有序	5			
		无安全问题	5			
维修工单		按要求填写，记录值准确	20			
合计			100			

（4）HX3-10-4：车辆无法行驶且 READY 灯熄灭故障诊断（附表 112）。

附表 112　车辆无法行驶且 READY 灯熄灭故障诊断作业评分标准

HX3-10-4：车辆无法行驶且 READY 灯熄灭故障诊断		
考核时长：60 min	考核地点：机电维修工位	考核方式：实操

任务描述：完成车辆无法行驶且 READY 灯熄灭故障诊断

操作设备：(1)客户车辆；(2)150件套装工具；(3)诊断仪；(4)万用表

操作材料：(1)抹布、手套、车内三件套、车外三件套等；(2)绝缘手套等安全防护用品

评分标准						
考核内容		考核点及评分要求	分值	扣分	得分	备注
作业准备		工作服与安全用品检查	2			
		车辆信息填写	1			
		工具、备件及工作环境检查	2			
维修手册使用	关键数据使用维修手册确认	查询电路图	5			
		查询数据与维修指引	5			

续附表 112

考核内容		考核点及评分要求	分值	扣分	得分	备注
车辆无法行驶且 READY 熄灭故障诊断	操作步骤	安装座椅、地板、方向盘三件套	2			
		降下主驾驶车窗玻璃	2			
		安装车外三件套	2			
		挂 P 挡, 拉紧驻车制动	2			
		放置车轮挡块	2			
		记录整车上电仪表信息数据	5			
		用诊断仪读取故障代码	5			
		用诊断仪读取系统相关数据	3			
		进行 V1/V2 的数据分析	3			
		描述如何判定预充电阻的故障	3			
		检查插接件线束状态	3			
		检查预充继电器与 BMS 之间的线束状态	3			
		检查预充电阻数据及状态	3			
		记录整车上电仪表信息数据	3			
		描述故障验证及结论	4			
	否决项	操作过程中造成人员或者工具设备损伤				本次考核计 0 分
		不按要求进行危险操作, 裁判可终止考核				
作业后整理	清洁工具、工作台、场地等	清洁车辆	2			
		用过的清洁布、车内三件套等放入垃圾桶	3			
作业规范	按规定流程和方法进行作业	流程清楚, 方法正确	5			
安全与 6S	整个工作过程中的安全与 6S	场地整洁, 物品摆放有序	5			
		无安全问题	5			
维修工单		按要求填写, 记录值准确	20			
合计			100			

（5）HX3-10-5：电机控制器过热故障诊断（附表113）。

附表113　电机控制器过热故障诊断作业评分标准

HX3-10-5：电机控制器过热故障诊断

考核时长：60 min	考核地点：机电维修工位	考核方式：实操

任务描述：完成电机控制器过热故障诊断

操作设备：（1）客户车辆；（2）150件套装工具；（3）诊断仪；（4）万用表

操作材料：（1）抹布、手套、车内三件套、车外三件套等；（2）绝缘手套等安全防护用品

评分标准

考核内容		考核点及评分要求	分值	扣分	得分	备注
作业准备		工作服与安全用品检查	2			
		车辆信息填写	1			
		工具、备件及工作环境检查	2			
维修手册使用	关键数据使用维修手册确认	查询电路图	5			
		查询数据与维修指引	5			
电机控制器过热故障诊断	操作步骤	安装座椅、地板、方向盘三件套	2			
		降下主驾驶车窗玻璃	2			
		安装车外三件套	2			
		挂P挡，拉紧驻车制动	2			
		放置车轮挡块	2			
		记录整车上电仪表信息数据	5			
		用诊断仪读取故障代码	5			
		用诊断仪读取系统相关数据	3			
		目视检查冷却液液位及连接管路状态	3			
		检查风扇供电电路	3			
		检查冷却水泵供电回路	3			
		检查冷却水泵工作状态	3			
		检查冷却系统循环状态	3			
		记录整车上电仪表信息数据	3			
		描述故障验证及结论	4			

续附表 113

考核内容		考核点及评分要求	分值	扣分	得分	备注
电机控制器过热故障诊断	否决项	操作过程中造成人员或者工具设备损伤				本次考核计0分
		不按要求进行危险操作，裁判可终止考核				
作业后整理	清洁工具、工作台、场地等	清洁车辆	2			
		用过的清洁布、车内三件套等放入垃圾桶	3			
作业规范	按规定流程和方法进行作业	流程清楚，方法正确	5			
安全与6S	整个工作过程中的安全与6S	场地整洁，物品摆放有序	5			
		无安全问题	5			
维修工单		按要求填写，记录值准确	20			
合计			100			

(6)HX3-10-6：电机过热故障诊断(附表 114)。

附表 114　电机过热故障诊断作业评分标准

HX3-10-6：电机过热故障诊断

考核时长：60 min	考核地点：机电维修工位	考核方式：实操

任务描述：完成电机过热故障诊断

操作设备：(1)客户车辆；(2)150 件套装工具；(3)诊断仪；(4)万用表

操作材料：(1)抹布、手套、车内三件套、车外三件套等；(2)绝缘手套等安全防护用品

评分标准

考核内容	考核点及评分要求	分值	扣分	得分	备注
作业准备	工作服与安全用品检查	2			
	车辆信息填写	1			
	工具、备件及工作环境检查	2			

续附表 114

考核内容		考核点及评分要求	分值	扣分	得分	备注
维修手册使用	关键数据使用维修手册确认	查询电路图	5			
		查询数据与维修指引	5			
电机过热故障诊断	操作步骤	安装座椅、地板、方向盘三件套	2			
		降下主驾驶车窗玻璃	2			
		安装车外三件套	2			
		挂 P 挡，拉紧驻车制动	2			
		放置车轮挡块	2			
		记录整车上电仪表信息数据	5			
		用诊断仪读取故障代码	5			
		用诊断仪读取系统相关数据	3			
		整车高压断电	3			
		检查电机温度信号回路	3			
		检查电机控制器低压插件状态	3			
		检查电机低压控制器到 MCU 线束针脚	3			
		检查电机低压控制器到 MCU 连接状态	3			
		记录整车上电仪表信息数据	3			
		描述故障验证及结论	4			
	否决项	操作过程中造成人员或者工具设备损伤				本次考核计0分
		不按要求进行危险操作，裁判可终止考核				
作业后整理	清洁工具、工作台、场地等	清洁车辆	2			
		用过的清洁布、车内三件套等放入垃圾桶	3			
作业规范	按规定流程和方法进行作业	流程清楚，方法正确	5			
安全与6S	整个工作过程中的安全与6S	场地整洁，物品摆放有序	5			
		无安全问题	5			
维修工单		按要求填写，记录值准确	20			
合计			100			

（四）专业教学能力模块

（1）JX4-1-1：汽车检测维修类专业市场调研报告汇报（附表115）。

表115　汽车检测维修类专业市场调研报告汇报评分标准

JX4-1-1：汽车检测维修类专业市场调研报告汇报

任务描述：完成汽车检测维修类专业市场调研报告的撰写

评分标准					
考核内容	考核点及评分要求	分值	扣分	得分	备注
观点明晰	立场明确、基本观点鲜明、具有一定的理论性、可行性、启示性	20			
针对性强	切实反映存在的热点、重点和难点问题。体现出针对性、迫切性	10			
建议明确	提出了新思路、新措施、新建议对汽车专业发展有重要参考价值	20			
逻辑严谨	论证严密、结构合理、层次分明、条理清晰	20			
内容完整	有基本情况描述、有存在问题识别、有原因分析、有经验总结、有对策建议	10			
行文流畅	语句通顺、语音准确、资料真实、数据准确、达到报告要求的字数、符合报告书写格式要求	20			
合计		100			

（2）JX4-2-1：汽车检测维修类专业典型工作任务分析报告汇报（附表116）。

附表116　汽车检测维修类专业典型工作任务分析报告汇报评分标准

JX4-2-1：汽车检测维修类专业典型工作任务分析报告汇报

任务描述：完成汽车检测维修类专业典型工作任务分析报告的撰写

评分标准					
考核内容	考核点及评分要求	分值	扣分	得分	备注
观点明晰	立场明确、基本观点鲜明、具有一定的理论性、可行性、启示性	20			

续附表 116

考核内容	考核点及评分要求	分值	扣分	得分	备注
针对性强	切实反映存在的热点、重点和难点问题。体现出针对性、迫切性	10			
建议明确	提出了新思路、新措施、新建议对汽车专业发展有重要参考价值	20			
逻辑严谨	论证严密、结构合理、层次分明、条理清晰	20			
内容完整	有基本情况描述、有存在问题识别、有原因分析、有经验总结、有对策建议	10			
行文流畅	语句通顺、语音准确、资料真实、数据准确、达到报告要求的字数、符合报告书写格式要求	20			
合计		100			

（3）JX4-3-1：制订汽车检测维修类专业人才培养方案汇报（附表 117）。

附表 117　制订汽车检测维修类专业人才培养方案汇报作业评分标准

JX4-3-1：制订汽车检测维修类专业人才培养方案汇报

任务描述：完成汽车检测维修类专业人才培养方案的制订

评分标准

考核内容	考核点及评分要求	分值	扣分	得分	备注
培养目标与规格	开展行业企业调研、毕业生跟踪调研	2			
	调研数据来源真实可靠，数据分析科学合理，人才需求和职业岗位能力分析清晰准确	4			
	调研结论在人才培养方案中得到具体体现	4			
	结合学校办学层次和办学定位，科学合理确定专业培养目标	1			
	坚持立德树人，体现德智体美劳全面发展的复合型技术技能人才培养要求	2			
	符合市场人才需求，体现创新精神、实践能力和可持续发展的要求	1			
	关于素质、知识、能力要求表述清晰、科学	3			
	人才培养规格与人才培养目标、岗位要求、职业面向、毕业要求的吻合度高，体现学校办学特色和专业特色	3			

续表 144

考核内容	考核点及评分要求	分值	扣分	得分	备注
课程体系	基于职业能力分析构建课程体系，课程体系设计思路清晰，适应未来产业发展趋势要求	8			
	课程序化符合学生学习规律和职业能力成长规律	6			
	课程设置对接人才培养规格要求，能有效支撑培养目标达成	6			
	准确描述各门课程的教学目标、教学内容和教学要求等	5			
	落实立德树人的要求，突出应用性与实践性	5			
	有 6~8 门专业核心课程的课程标准，包含课程性质与任务、目标与要求、结构与内容、实施与保障、考核与评价、进程与安排等基本要素	8			
	与课程描述的目标、内容、学分学时、要求等相匹配；与人才培养方案的实施保障相匹配，能有效支撑人才培养目标达成	4			
	课程内容充分对接新产业、新技术、新业态、新模式、新标准等要求	3			
教学进程	总课时量科学合理	2			
	各门课程之间、各模块之间及理论课与实践课的课时比例分配科学合理	3			
	公共基础课程与专业课程，必修课程与选修课程安排科学合理，突出学生的全面发展和个性化发展	3			
	课程前后逻辑关系清晰准确，体现了职业教育规律和人才成长规律，有利于学生知识、能力和素质的有效提升	4			
	课程安排与课程设置、课程描述等前后保持一致，课程有效支撑专业人才培养规格和培养目标达成	3			

续表144

考核内容	考核点及评分要求	分值	扣分	得分	备注
实施保障	根据办学规模科学合理提出师资队伍配置要求，师资队伍结构合理，教师数量充足	1			
	专业教师要求明确、科学	1			
	注重对教师队伍的师德师风和双师素养要求	1			
	根据办学规模和专业特点科学合理提出校内外实习实训条件配置要求，实训基地有效支撑课程实施，基地工位数量充足	1			
	各实训基地工位数量、实训项目、支撑课程等配置要求明确、具体	1			
	合理配置仿真、模拟及生产性实习实训基地	1			
	根据专业特点科学合理提出教学资源配置要求	1			
	教学资源配置有效支撑专业课程教学改革与实施	1			
	根据专业特点科学合理提出学习评价要求	1			
	突出多元主体参与的多元考核评价方式，有效促进教学目标达成	1			
	专业技能考核标准与题库与人才培养方案的培养目标和规格相匹配	10			
合计		100			

（4）JX4-4-1：一门汽车检测维修类专业课程的教学资源汇报（附表 118）。

附表 118　一门汽车检测维修类专业课程的教学资源汇报作业评分标准

JX4-4-1：一门汽车检测维修类专业课程的教学资源汇报

任务描述：完成汽车检测维修类专业一门课程的教学资源建设

评分标准

考核内容	考核点及评分要求	分值	扣分	得分	备注
课程内容	坚持立德树人，能够将思想政治教育内化为课程内容，弘扬社会主义核心价值观	5			
	按照课程教学大纲要求，涵盖课程重点教学内容，反映学科专业最新发展成果和教改教研成果，体现课程专业新技术、新要求、新标准	5			
	无危害国家安全、涉密及其他不适宜网络公开传播的内容，无侵犯他人知识产权内容	5			
	课程内容与要求按照《教育部办公厅关于开展2018年国家精品在线开放课程认定工作的通知》（教高厅函〔2018〕44号）指导建设	5			
教学设计	课程教学设计应遵循教育教学规律，体现现代教育思想，符合职业教育教学特点，符合大规模在线开放课程教学特征	10			
	以学习者为中心进行教学设计，建立教与学新型关系，形成较为完善的在线学习与课堂教学相结合的教学方案	5			
	课程应根据课程教学目标，合理、有序地设计知识单元和梳理教学知识点及技能点，按照教学单元、专题、模块、项目、任务等框架形式，构建体现信息技术与教育教学深度融合的课程结构和教学组织模式	10			
	课程知识体系科学，资源配置全面合理，适合在线学习和混式教学	5			

续附表 118

考核内容	考核点及评分要求	分值	扣分	得分	备注
教学资源	课程资源要系统完整、丰富多样、呈现有序、交互支持,与知识点、技能点相匹配且对应清晰,能反映课程教学思想、教学内容、教学设计,能支持课程教学和学习的全过程	6			
	课程须开发课程介绍类资源、课程教学类资源,也可根据课程教学需求开发课程拓展类资源	6			
	课程按照单元(专题、模块、项目、任务,下同)的方式来设置课程结构,要有终结性课程考试	6			
	每个单元要有合理配置的知识点(技能点),并按单元发布单元测试	6			
	课程每个知识点(技能点)要有相应的教学视频、教学PPT(电子教案)、随堂作业,及必需的动画、图片、仿真软件,案例,专题讲座、素材资源等辅助资源	6			
课程考核	课程成绩由过程性考核和终结性考核综合评定	10			
	有明确合理的考核评价策略,考核办法明确具体,包括完成课程学习必需的作业、测验、讨论等各项学习活动及评分的标准、测试数量及各部分成绩构成比例等	10			
合计		100			

(五)专业发展能力模块

1. FZ5-1:应用技术研究

(1)FZ5-1-1:汽车专业实用新型专利开发汇报(附表119)。

附表 119　汽车专业实用新型专利开发汇报作业评分标准

FZ5-1-1：汽车专业实用新型专利开发汇报

任务描述：完成汽车专业实用新型专利的开发

评分标准

考核内容	考核点及评分要求	分值	扣分	得分	备注
新颖性	内容新颖，发明或者实用新型未在国内外出版物上公开发表过，未在国内公开使用过或者以其他方式为公众所知，未发现发明或者实用新型由他人向国务院专利行政部门提出过申请并且记载在申请日以后公布的专利申请文件中	20			
创造性	与已有的技术相比，该实用新型有实质性特点和进步	10			
实用性	实用新型能够制造或者使用，并且能够产生积极效果	20			
实用新型专利请求书	论证严密、结构合理、层次分明、条理清晰	20			
说明书及说明书附图	有基本情况描述、语句通顺、用词准确、附图工整	10			
权利要求书	资料真实、数据准确、权利明确	10			
摘要及其附图	简单明了、用词准确、思路清晰、附图工整	10			
合计		100			

（2）FZ5-1-2：汽车改装研究与实践成果汇报（附表 120）。

附表 120　汽车改装研究与实践成果汇报作业评分标准

FZ5-1-2：汽车改装研究与实践成果汇报

任务描述：完成汽车改装的研究与教学实践的设计

评分标准

考核内容	考核点及评分要求	分值	扣分	得分	备注
方向性	改装方向的选取，必须符合国家相应政策及要求，具备较强的可行性	20			

续附表 120

考核内容	考核点及评分要求	分值	扣分	得分	备注
创造性	与已有同类改装相比,该改装是否具有实质性特点和进步	10			
实用性	改装是否实用,并且能够产生积极效果	20			
教学内容	教学内容丰富、注重汽车文化、内容实用、可行性强	20			
教学实践	先进的多媒体手段、丰富的现场教学方法、强化实践教学环节	30			
合计		100			

(3)FZ5-1-3:汽车维修技术培训(附表121)。

附表 121　汽车维修技术培训作业评分标准

FZ5-1-3:汽车维修技术培训

任务描述:完成一次汽车维修技术培训

评分标准

考核内容	考核点及评分要求	分值	扣分	得分	备注
教学环境	教学环境是否整洁、舒适、培训资料与演示材料是否充足	20			
教师态度	教师的仪容仪表、语言表达是否合理、教学态度是否严谨、教学过程是否出现差错	20			
教学内容	教学内容是否符合期望值、课时安排是否合理、理论与实践内容的配比是否合理	20			
教学手段	是否运用了多种教学手段提高教学质量	20			
教学效果	教学效果是否满足期望、是否达到培训目标	20			
合计		100			

(4)FZ5-1-4:汽车维修关键岗位技术标准开发(附表122)。

附表 122　汽车维修关键岗位技术标准开发作业评分标准

FZ5-1-4：汽车维修关键岗位技术标准开发

任务描述：完成汽车维修关键岗位技术标准开发

评分标准

考核内容	考核点及评分要求	分值	扣分	得分	备注
前期准备	开展行业企业调研	5			
	调研数据来源真实可靠，数据分析科学合理，职业岗位能力分析清晰准确	5			
	符合市场人才需求，体现创新精神、实践能力和可持续发展的要求	5			
	关于素质、知识、能力要求表述清晰、科学	5			
知识要求	基础知识	10			
	专业知识	10			
	相关系统知识	10			
技能要求	基础技能	10			
	专业技能	10			
	综合技能	10			
工作实例	关键岗位的典型工作实例	20			
合计		100			

2. FZ5-2：岗位新技术

（1）FZ5-2-1：车联网技术领域信息收集分析汇报（附表123）。

附表 123　车联网技术领域信息收集分析汇报作业评分标准

FZ5-2-1：车联网技术领域信息收集分析汇报

任务描述：熟悉车联网技术

评分标准

考核内容	考核点及评分要求	分值	扣分	得分	备注
车联网概述	了解车联网的定义、功用及工作原理	10			
车联网发展历程	了解车联网的发展历程	10			

续附表 123

考核内容	考核点及评分要求	分值	扣分	得分	备注
车联网构成	了解车辆和车载系统	2			
	了解车辆标识系统	2			
	了解路边设备系统	2			
	了解信息通信网络系统	2			
车联网体系结构	了解应用层	5			
	了解网络层	5			
	了解采集层	5			
车联网关键技术	了解射频识别技术	2			
	了解传感网络技术	2			
	了解卫星定位技术	2			
	了解无线通信技术	2			
	了解大数据分析技术	2			
	了解标准及安全体系	2			
车联网信息安全	了解车联网服务平台防护策略	5			
	了解车联网通信防护策略	5			
	了解数据安全防护策略	5			
车联网的应用	车辆安全方面	5			
	交通控制方面	5			
	信息服务方面	5			
	智慧城市与智能交通方面	5			
车联网的发展瓶颈	了解车联网的发展瓶颈	10			
合计		100			

（2）FZ5-2-2：智能驾驶技术领域信息收集分析汇报（附表124）。

附表 124　智能驾驶技术领域信息收集分析汇报作业评分标准

FZ5-2-2：智能驾驶技术领域信息收集分析汇报

任务描述：熟悉智能驾驶技术

评分标准

考核内容	考核点及评分要求	分值	扣分	得分	备注
智能驾驶技术概述	了解智能驾驶技术的定义与意义	10			
智能驾驶技术的作用和意义	了解智能驾驶技术的作用和意义	20			
智能驾驶系统	了解智能驾驶系统	20			
智能驾驶技术的发展历程	了解智能驾驶技术的发展历程	20			
智能驾驶技术的瓶颈	了解智能驾驶技术的瓶颈	15			
智能驾驶技术的前景	了解智能驾驶技术的前景	15			
合计		100			

附录二 样题

1.职业素养考核样题

您现在有一个机会自己创业,创办一个小型汽车修理厂,请您为自己的公司进行如下设计:

(1)确定公司的名称、经营范围、经营形式。

(2)公司的文化理念。

(3)公司运营架构及各岗位人员职责。

(4)公司的管理章程。

(5)安全文明生产规程。

(6)为公司进行开业活动策划与设计。

(7)呈现形式:上述内容(1)~(5)用1个word文挡呈现;内容(6)用PPT或软文呈现。

_____

_____

_____

_____

_____

2.岗位基本能力培训模块考核样题

客户提出仪表盘保养灯点亮,必须更换机油,请你按照维修手册的维护标准和要求制订出正确的实施计划;选择正确的工具、设备对汽车进行机油与机油滤清器的更换,并填写作业记录表(附表125),具体要求如下:

(1)严格按照维修手册的要求。

(2)完成操作工单,并记录好相关的测量数值。

(3)操作时工具、量具摆放规范整齐,符合企业基本的6S(整理、整顿、清扫、清洁、素养、安全)管理要求,及时清扫杂物、保持工作台面清洁。

(4)具有良好的职业素养,符合企业基本的质量常识和管理要求。

附表 125　机油与机油滤清器的更换作业记录表

任务描述	按照维修手册的维护标准和要求进行机油的更换
任务要求	一、机油更换： 1. 根据《汽车维护操作》要求，按照标准流程进行保养作业； 2. 根据车辆和维修手册的信息填写以下数据记录。 二、注意事项： 1. 操作时注意人身安全； 2. 操作时注意做好车辆的防护； 3. 按照规范作业，合理、快捷； 4. 作业完成后将工、量具、设备等恢复成考前状态； 5. 如果检查出异常现象，请记录（不必恢复）。
数据填写	1. 获取车辆信息： 车辆 VIN：_____ 行驶里程：_____ 2. 根据维修手册获取维修数据： 3. 以考试车型为例，描述机油复位的步骤？
异常现象	（没有异常可不填写）

在数据填写栏的表格：

项目	数据
油底壳螺丝拧紧力矩	
机油滤清器拧紧力矩	
发动机机油更换里程	
车辆润滑油型号	
机油加注量	

3. 岗位核心能力培训模块考核样题

客户车辆怠速不稳，经机电维修技师诊断，发动机气缸压力不足，现已排除气门和气缸垫的故障，请在 60 分钟的规定时间内，完成对发动机活塞连杆组的拆解、测量与组装,并按要求填写记录表单(附图 1)和根据测量结果分析判断零部件好坏,计算和确定维修方案,具体要求如下:

(1)拆卸活塞环。

(2)测量活塞环第一道气环侧隙、开口端隙。

(3)安装活塞连杆组,检查活塞偏缸情况。

(4)安装活塞环。

(5)安装活塞连杆组。

(6)拆卸活塞连杆组。

附图 1 活塞连杆组的拆装与检测操作工单

一、作业内容

按维修规范要求完成:

◆拆卸活塞环;

◆测量活塞环第一道气环侧隙、开口端隙;

◆安装活塞连杆组,检查活塞偏缸情况;

◆安装活塞环;

◆安装活塞连杆组;

◆拆卸活塞连杆组;

◆填写作业记录表,计算和确定维修方案。

备注:上面的顺序仅是整个维修需要完成的工作,不是实际的维修作业顺序。

二、作业记录表

测量结果	项目			
	第一缸	第二缸	第三缸	第四缸
侧隙				
开口端隙				
气缸直径				
活塞直径/mm				
配合间隙/mm				
结果判断及处理				

备注:测量值保留小数点后 3 位,结果判断及处理栏内仅需根据检查结果填写正常或不正常。

4. 专业教学能力培训模块考核样题

从本专业课程中自选一门课程的一个教学单元，吸纳企业实践中所学习的知识和技能，按照成果导向或工作过程系统化理念，优化课程整体设计和单元设计，重点完成一个项目或一次课的教学设计，并准备完成本项目或本次课教学需要的教学资源。格式不限，但必须至少包括以下内容：

(1)课程整体设计。

(2)单元设计。

(3)一个项目或一次课的教学设计，包括课题、教学内容、教学目标、学情分析、教学重点、教学难点、教学方法、教学手段、教学活动安排(教师活动、学生活动、支撑的媒体、教学评价等)，附上需要的教学资源。

5. 专业发展能力培训模块考核样题

请结合专业教学与实践，围绕技术突破，工艺改进，设备改造等，自拟专利名称，完成专利申请技术交底书的撰写。其内容包括以下几个方面：

(1)发明的主题名称。

说明：简单而明了地反映发明创造的技术主题(一般限定在 25 个字以内)。例如主题可以是要保护一个具体的采样设备、一种采样测试方法或者应用于采样设备中的某个零部件等。

(2)所属技术领域。

说明：为便于分类、检索及其他专利活动的进行，要简要说明所属技术领域。如：本发明属于采样控制装置，或者属于采样方法。

(3)背景技术。

说明：与发明创造相比，对最接近的同类现有技术状况进行针对性的说明，必要时可借助附图加以说明。一般要以文献检索或对行业市场了解的情况、资料为依据。特别要指出现有技术中存在的缺陷和不足。

(4)发明所要解决的技术问题。

说明：针对现在技术中的技术问题(即以上背景技术中描述的不足之处)，指出本发明所要解决的问题。

(5)发明的内容。

说明：为解决上述技术问题，达到本发明创造的目的，请详细陈述本发明创造的技术构思，并基于该技术构思详细描述本发明的技术方案，该技术方案应当是抽象出的本发明创造的核心。例如，如果技术方案涉及一个装置，则请详细描述该装置的组成、构件、零部件及各构件之间的连接方式和位置关系，如果是常规部件或者是公知的连接方式，则可简单描述即可，重点描述本发明创造中的新增技术要点或者新增技术内容。

（6）发明的效果或特点。

说明：详细描述本发明创造的优点和技术效果，例如结构上是否得到简化，生产成本上是否降低，工艺效率是否得到提高，是否更加绿色节能环保，是否提高了生产的安全性等；如果有相关数据支撑，则请将证明技术效果的相应实验数据一并附上。

（7）附图及附图的简单说明。

说明：申请机械产品或某一装置专利应提供该产品或装置装配图（重要的零部件还必须提供详细的零件图），只能采用 A4 大小的图纸，可以一张纸上画一张图，如果图小也可画多个图，图上主要零部件需标注序号（不重要的连接件可不标注），不需要作尺寸标注或其他标注（如公差），且出现了该零部件的各附图均应标注，同一零件在各附图中序号还必须相同。

申请电子类产品或机电相结合的产品必须提供主要的电路图，如果一张 A4 大小的图纸难以表述，可采用分块表示的形式，或先画出电路原理框图，另外再分别提供详细的电路图，电路图上若有机械图上表明的元器件，必须表达一致。

简要说明：对各图与发明的关系作一个说明，例如：图1为本发明的正视图（或结构示意图）；图2为图1的A-A剖面图……另外，写明各标号代表零部件的名称，如：图中，1表示……，2表示……

（8）具体实施方式。

说明：具体实施方式是上文发明内容的进一步具体化，因为上文发明内容中描述的技术方案可能有很多种具体的实施方式，此处应当基于上文的技术方案内容详细实施本发明最优选的实施方式；具体实施方式的描述应当达到非常具体和详细的程度，近似于生产实践中操作守则或者装置结构解剖详解。对于机械产品应当结合附图描述该设备的构成，各零部件或电路元器件之间的相互位置关系，各零部件所起的作用、功能；并结合附图描叙工作原理及过程，即前面作静态描叙，后面动态说明。

附录三 结业考核评价标准

结业考核要求与评价标准见附表127。

附表127 结业考核要求与评价标准

评价项目		评价指标	分值	得分
说课环节 （5分钟）		以本次培训为依据，对专业人才培养方案、课程标准、教学设计等进行审视，提出存在的问题及整改措施。重点考察审视的专业性、准确性和整改措施的针对性、可行性。对于可立行立改的整改点，在课程展示部分考察是否进行了整改	20	
上课环节 （25分钟）	教学目标	紧扣专业培养目标和学生实际，突出学生职业能力培养，围绕能力、知识和素质，教学目标明确、恰当	10	
	教学内容	熟悉教学内容，表述清晰流畅，深入浅出，重点突出，难点分析透彻；教学内容充实，节奏张弛有度；注重联系实际，吸收该专业最新成果和实际案例	20	
	教学方法	教学方法运用得当，注重理实一体；注重师生互动，设问有启发性，能激发学生思维；有效运用现代教育技术和各种教学媒体；讲解、板书（图）和课件演示结合得当	20	
	教学组织	教学过程组织规范有序，各环节时间分配合理；课堂气氛活跃，师生配合默契；能有效掌控课堂纪律，课堂秩序良好	10	
	教师素养	专业知识扎实；普通话标准，语言精练，有感染力；教态沉稳，仪态大方，表情与肢体语言运用适当；板书工整，板图规范，演示操作规范、熟练；课前准备充分，教学设计完整且有创意；上课精神饱满，讲解熟练，教学民主	10	
	教学效果	全面完成教学内容，教学目标达成度高；学生到课率、听课率高；师生互动效果好，课堂气氛活跃；学生能较好掌握该课堂所教内容	10	
合计			100	

参考文献

［1］国务院. 国家职业教育改革实施方案(国发〔2019〕4 号)［Z］. 2019.

［2］中共中央办公厅, 国务院办公厅. 关于分类推进人才评价机制改革的指导意见［Z］. 2018.

［3］教育部, 国务院国有资产监督委员会, 国家发展和改革委员会, 等. 职业学校教师企业实践规定(教师〔2016〕3 号)［Z］. 2016.

［4］人力资源社会保障部, 交通运输部. 国家职业技能标准 汽车维修工. 北京:劳动社会保障出版社, 2019.

［5］北京中车行高新技术有限公司. 汽车运用与维修(含智能新能源汽车)［M］. 北京:高等教育出版社, 2019.

［6］肖亚红. 汽车检测与维修技术专业技能考核标准与考核题库［M］. 长沙:湖南大学出版社, 2020.

［7］第 46 届世界技能大赛 汽车技术项目 技术文件. 2019.

后 记

<<<<<<<<<<<<<<<<<

为全面提升教师企业实践能力和专业教学能力，湖南省教育厅已经连续 5 年在职业院校教师素质提升计划中专门设置了教师企业实践培训项目，取得了良好的效果。为了进一步规范教师企业实践工作，使教师企业实践的培训和考核有章可循、有据可依，湖南省教育科学研究院组织开发了"职业院校教师企业实践培训与考核指南丛书"，《职业院校专业教师企业实践培训与考核指南——汽车检测维修类专业》是其中之一。

本书由湖南省教育科学研究院职业教育与成人教育研究所组织开发，历经了企业调研与培训需求分析、企业实践能力分析、专业教学能力分析、培训内容与任务遴选、培训考核与评价、初稿试用、研讨与修改、论证与定稿等阶段。湖南省教育科学研究院舒底清提出了编写思路，确定了编写框架；湖南省教育科学研究院李琼、湖南汽车工程职业学院肖亚红拟定了写作提纲，并负责全书统稿和详细修改。全书各章节分工如下：湖南汽车工程职业学院周定武和黄志勇编写编制背景、编制依据和培训目标与培训内容；湖南交通职业技术学院严玮编写企业实践能力要求；湖南汽车工程职业学院肖亚红、朱先明、刘平、侯志华编写培训任务和培训要求、培训形式与组织实施、培训考核与评价、培训条件与保障以及编写样题；技能考核项目由上述几位老师共同承担。编写过程中湖南兰天汽车集团有限公司的凌业和李丛伟、湖南省蓝马车业集团有限公司的何光鹏、北京汽车股份有限公司株洲分公司的吴端华提供了部分案例和相关技术文挡，全书由罗先进主审。本书为湖南省职业院校教育教学改革研究重点项目"职业院校'双师型'教学团队建设研究"（项目编号 ZJZD2019002）的阶段研究成果。

本书在编写过程中得到了湖南省教育厅有关领导和湖南省教育厅职业教育与成人教育处的指导和帮助,得到了湖南交通职业技术学院、湖南机电职业技术学院等单位的大力支持,在此一并表示感谢。

由于水平所限,书中难免有疏忽和不恰当的地方,恳请读者批评指正。

编 者

2021 年 8 月

图书在版编目(CIP)数据

职业院校专业教师企业实践培训与考核指南. 汽车检测维修类专业 / 李琼,肖亚红著. —长沙:中南大学出版社,2021.11

ISBN 978-7-5487-4613-3

Ⅰ. ①职… Ⅱ. ①李… ②肖… Ⅲ. ①汽车-车辆修理-职业教育-师资培养-教学参考资料 Ⅳ. ①G715

中国版本图书馆 CIP 数据核字(2021)第 155481 号

职业院校专业教师企业实践培训与考核指南
——汽车检测维修类专业

李 琼　肖亚红　著

□责任编辑	谭　平
□责任印制	唐　曦
□出版发行	中南大学出版社
	社址:长沙市麓山南路　　　　邮编:410083
	发行科电话:0731-88876770　　传真:0731-88710482
□印　　装	长沙雅鑫印务有限公司

□开　　本	710 mm×1000 mm 1/16	□印张 18.5	□字数 350 千字
□版　　次	2021 年 11 月第 1 版	□印次 2021 年 11 月第 1 次印刷	
□书　　号	ISBN 978-7-5487-4613-3		
□定　　价	56.00 元		